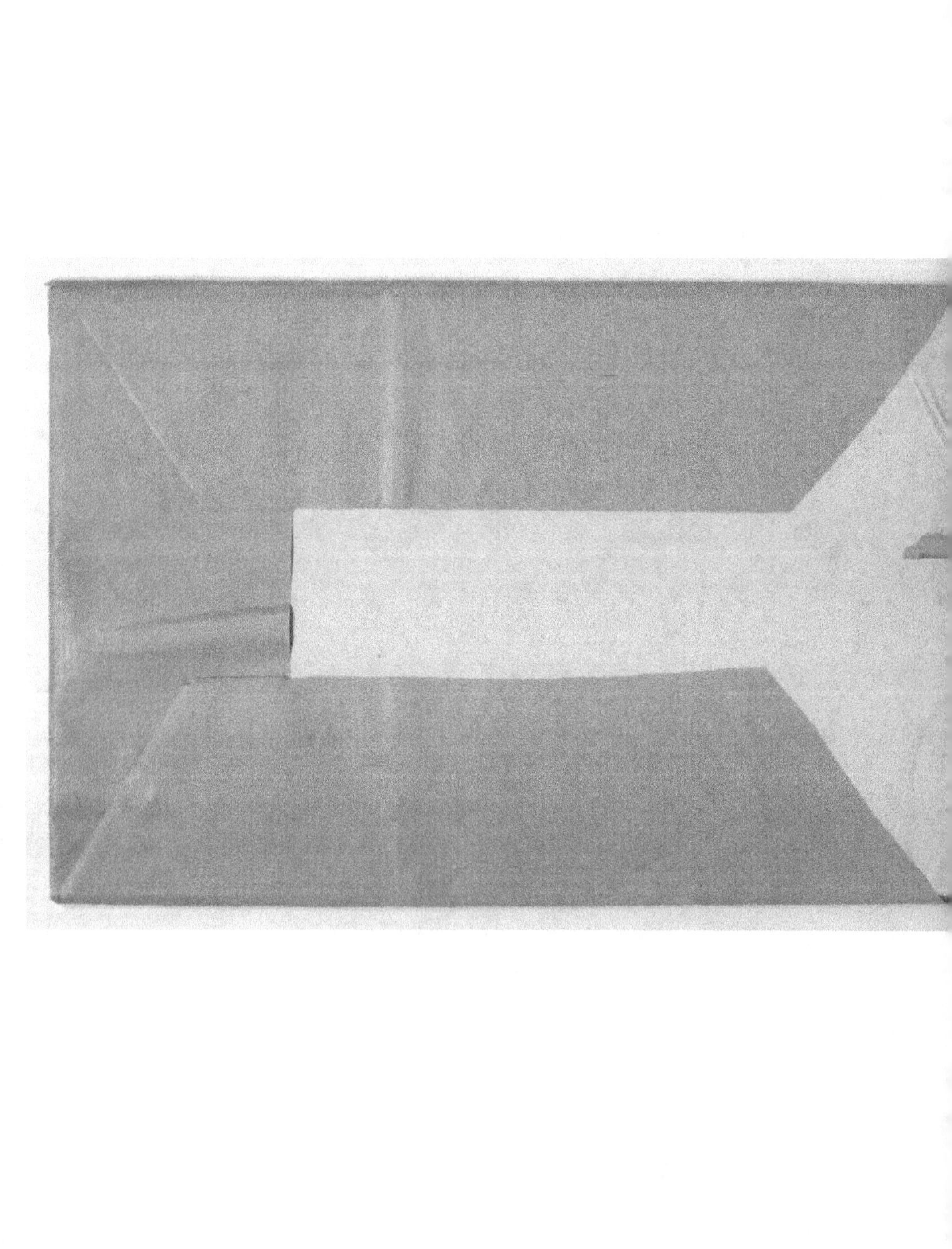

ALBUM

D'HISTOIRE NATURELLE.

ABÉCÉDAIRE FIGURATIF, avec 26 figures en actions pour exciter la curiosité des enfans et tout ce qui peut amener, par gradation, l'habitude de la lecture; suivies de modèles d'écritures, etc. in-12, fig. noires et cart., jolie couverture. 1 fr. 50 c., color. 2 fr.

ABÉCÉDAIRE MINIATURE EN ACTION, in-12, oblong, avec texte, contenant une grande quantité de gravures; cart., jolie couv. En noir, 3 fr.; color. 3 fr. 50 c.

ALBUM DES ENFANS BIEN OBÉISSANS, ou *les Plaisirs de la campagne*, joli cartonnage oblong, in-52, avec 16 cadres de grav., offrant une grande quantité de divers sujets et vignettes charmantes, texte de madame Alida de Savignac. Prix: cartonné avec figures noires, 5 fr.; avec figures color. 5 fr. 50 c.

ALBUM (petit) **RÉCRÉATIF**, ou *les Plaisirs de la ville*, joli cartonnage par le même auteur, dans le même format, avec le même nombre de grav. Prix: en noir 5 fr. coloriées 5 fr. 50 c.

ABÉCÉDAIRE-JOUJOU, *pour les petits garçons*, avec un texte amusant et l'alphabet en gros caractères. Texte composé par madame Alida de Savignac, orné de 16 jolies gravures, petit in-8°, oblong, cart. fig. noires, 2 fr.; color. 2 fr. 50 c.

ABÉCÉDAIRE-JOUJOU, *pour les petites filles*, par le même auteur, même format, même nombre de gravures, petit in-8°, oblong, fig. noires, 2 fr.; color. 2 fr. 50 c.

ALPHABET DES QUATRE SAISONS, joli cartonnage orné d'une grande quantité de vignettes gravées sur acier. Texte très-amusant, moral et instructif, in-52, cart. élégamment, figures noires. 5 fr. color. 5 fr. 50 c.

BIBLE (la) **DU PREMIER AGE**, ou *l'Origine de la religion chrétienne*, par mademoiselle Julia Michel, joli ouvrage in-52, oblong, avec 76 vignettes, cart. élégamment en noir, 3 fr. 25 c.; color. 4 fr.

ALBUM DU PREMIER AGE, avec texte, in-52, gravures en noir, cartonné, 3 fr., color. 3 fr. 50 c.

ALBUM DES PETITS GARÇONS, ou les délassemens du cœur et de l'esprit; in-12, cartonné, avec texte et gravures. En noir, 3 fr.; color. 3 fr. 50 c.

AMUSEMENS (les) **DE L'ENFANCE**, ou les *Petits contes de la Grand' Mère*, par A. E. de S. 1 vol. in-8, oblong, orné de beaucoup de gravures et vignettes, avec culs-de-lampe, et titre gravé. Prix, figures noires, cartonnage élégant, 5 fr.; figures coloriées, en papier glacé. 6 fr.

BIORAMA DES ENFANS, par madame Alida de Savignac, 1 vol. in-8° oblong, orné de jolies gravures. Figures noires, 6 fr. color. 8 fr.

CAPRICES DE L'ENFANCE, ou *Étrennes aux petits enfans*, composés de contes et historiettes, par madame de R***, in-12, orné 52 jolies gravures, et d'une jolie couverture, cartonné élégamment, fig. en noir, 3 fr.; fig. color. 4 fr.

ENFANS (les) **DE LA MÈRE GIGOGNE**, beau cart. d'après les dessins de Victor Adam. In-8° cart. fig. en noir, 7 fr., col. 12 fr.

EUROPE ET L'ASIE (l') en estampes, ou Tableau intéressant de ces contrées. Un vol. in-8° oblong, gravures sur acier. Prix cart., fig. en noir, 6 fr.; fig. color. avec soin. 8 fr.

GALERIE PITTORESQUE, en estampes, orné de 40 belles gravures; dessins de Victor Adam, texte de mad. Alida de Savignac et de A. E. Desaimes. In-4° oblong cart. Prix en noir, 10 fr., col. 15 fr.

SINGE MERVEILLEUX (le) par madame Alida de Savignac, avec texte in-8, oblong, cartonné, figures noires, 6 fr.; fig. color. 8 fr.

UNIVERS EN MINIATURE (l'), ou les *Voyages du petit André*, sans sortir de sa chambre; ouvrage curieux, contenant les merveilles de la création, celles enfantées par les hommes; les productions naturelles, mœurs et usages; les costumes des peuples, etc., 6 vol. in-32, sur grand papier vélin-raisin, ornés d'un grand nombre de vignettes sur acier, culs-de-lampe, et d'une carte générale du globe, par l'un des auteurs.

Prix: fig. en noir, broché, 8 fr.; cartonné en boîte. 12 fr.
Id. avec les 80 costumes coloriés. 12 fr.; id. 16 fr.

Corbeil. — Imprimerie de Crété.

ALBUM
D'HISTOIRE NATURELLE

A LA PORTÉE DE L'ENFANCE,

D'APRÈS BUFFON, LACÉPÈDE, CUVIER,

ET LES NATURALISTES QUI ONT LE PLUS CONTRIBUÉ AU DÉVELOPPEMENT ET AUX PROGRÈS DE CETTE SCIENCE;

PAR CH. DELATTRE, auteur du Spectacle de la Nature, etc.

AVEC PLUS DE CINQ CENTS SUJETS DE JOLIES GRAVURES.

PARIS.

A LA BIBLIOTHÈQUE D'ÉDUCATION CHEZ DÉSIRÉE EYMERY, QUAI VOLTAIRE, 15.

1840

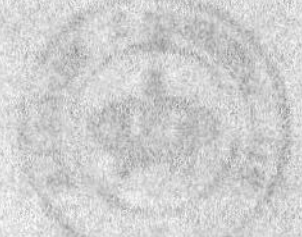

INTRODUCTION.

L'histoire naturelle, mes enfants, est la science à la fois la plus vaste et la plus attachante à laquelle l'esprit humain puisse se livrer : aussi tous les hommes qui lui ont consacré leurs travaux et qui en ont reculé les limites ont acquis une gloire immortelle, et ont été placés au rang des génies dont l'humanité s'enorgueillit le plus. Jamais les noms des Aristote, des Pline, des Buffon, des Linnée, des Cuvier, des Geoffroi-Saint-Hilaire, etc., ne s'effaceront de la mémoire des siècles. Notre plan n'est pas, en vous offrant ce livre, mes jeunes amis, de faire de vous des savants et des naturalistes à l'instar de ces grands hommes ; vous êtes dans un âge trop tendre encore pour pénétrer dans le sanctuaire des sciences, pour en sonder les profondeurs, pour en aborder les difficultés, nous n'avons d'autre intention que de vous initier aux premières connaissances, à ces éléments qui doivent entrer dans toute éducation élémentaire bien entendue ; nous voulons vous faire aimer la science en vous présentant quelques faits attachants qui développent vos dispositions naturelles et excitent votre curiosité ; nous voulons vous instruire en vous amusant : c'est pourquoi nous avons joint des gravures à nos descriptions, et nous avons eu soin qu'elles soient exactes et fidèles : on comprend toujours ce que l'on voit, et les connaissances qui se gravent dans la mémoire par l'intermédiaire des sens sont les plus durables. Nous vous avons donc préparé deux plaisirs dans cet ouvrage, celui de la lecture de faits amusants, et le plaisir d'apprendre à connaître les formes des animaux dans des figures exécutées avec art.

Entrons en matière.

Pour le naturaliste, le mot *nature* signifie l'ensemble des êtres qui peuplent la création. L'histoire naturelle est donc l'histoire de ces êtres, quels qu'ils soient, animaux, végétaux ou minéraux.

Dans le siècle dernier, on partageait ces êtres en trois grandes classes, que Linnée, dans son langage poétique, nommait des règnes : le règne animal, le règne végétal, et le règne minéral. Les naturalistes de notre siècle, après avoir prouvé que les végétaux jouissent de la vie et possèdent, comme les animaux, des organes ou parties qui sont comme les instruments de la vie, n'ont admis que deux règnes, le règne organique, comprenant tout ce qui est doué de la vie, savoir : les animaux et les végétaux ou plantes, et le règne inorganique, qui renferme l'air, l'eau, les gaz, les métaux, les pierres, les roches, en un mot les minéraux.

Les principaux organes des animaux sont : les os, qui donnent au corps sa figure et ses dimensions ; les chairs ou muscles avec leurs tendons, qui se fixent toujours sur deux os différents, et sont la cause des divers mouvements des membres et du corps ; le cerveau et les nerfs, le premier est placé dans le crâne, les seconds, qui naissent du cerveau et de la moëlle épinière, se distribuent dans toutes les parties, dans tous les organes des animaux pour y porter le mouvement et la vie ; ce sont encore, le cœur, les artères, les veines, les vaisseaux capillaires et les vaisseaux lymphatiques qui servent à la circulation du sang et des matériaux qui reproduisent ce fluide en même temps qu'ils distribuent à chaque organe la nourriture que le sang doit lui porter; le poumon, qui sert à la respiration; l'estomac, le foie, la rate, les intestins, qui servent à la digestion; la peau et les poils chez les uns, les plumes ou les écailles chez les autres, qui recouvent l'ensemble du corps.

Les divers organes des végétaux sont : la racine, qui fixe la plante en terre où elle puise la nourriture qui lui convient; le bois, qui forme le tronc ou le corps du végétal; la moëlle, qui semble l'organe destiné à l'accroissement en hauteur des végétaux, et à la reproduction annuelle des rameaux, des feuilles et des fleurs; les vaisseaux, qui permettent la circulation de la sève; l'écorce, qui remplit les mêmes fonctions que la peau chez les animaux; les feuilles, qui servent à la respiration; les fleurs, qui précèdent et préparent les fruits; enfin les fruits, qui contiennent les semences destinées à reproduire de nouvelles plantes.

Les animaux et les plantes vivent, mais non au même degré; l'animal (nous ne parlons pas ici de l'homme) jouit de l'instinct qui lui fait rechercher ce qui lui est utile, et qui lui permet de distinguer ce qui peut lui nuire; il se porte là où sa volonté le dirige, il jouit d'une sensibilité d'autant plus marquée que sa classe est plus élevée, il est susceptible d'affection et de haine dans ces mêmes classes supérieures.

Le végétal est fixé au sol, il n'a aucun instinct, ses mouvements sont locaux, bornés et toujours mécaniques, il n'a pas la conscience de son être, et, dans un très-petit nombre de plantes, on peut distinguer de faibles traces de sensibilité.

Tels sont les contrastes qui éloignent l'une de l'autre les deux grandes divisions du règne organique.

ALBUM D'HISTOIRE NATURELLE.

Première Leçon.

CLASSIFICATION DES ANIMAUX.

A deux lieues de Paris, au midi de cette grande cité, est un charmant village dont le nom plein de poésie, d'idées riantes et gracieuses, *Fontenay-aux-Roses*, doit éveiller d'agréables souvenirs dans l'ame d'un grand nombre de jeunes gens encore peu éloignés de votre bel âge, mes enfants ; ces jeunes gens ont eu le beau privilége de passer leurs premières années dans un magnifique établissement placé au centre de ce pittoresque village. Qu'ils y étaient heureux ! un château pour habitation, un vaste parc entretenu comme celui d'un grand seigneur, pour s'y livrer à mille jeux divers ; oh ! il n'y avait là ni salles d'études enfumées aux noires murailles, ni cours étroites et obscures ombragées par des arbres rachitiques ; tout était beau, tout était majestueux, inondé de lumière, encadré de la plus luxuriante verdure, orné des plus belles fleurs. Le collége de Fontenay possédait un jardin de botanique, où l'on avait rassemblé des plantes précieuses, un cabinet d'histoire naturelle, un laboratoire de chimie, un cabinet de physique, où l'on faisait de belles expériences. Et les maîtres ! comme ils étaient bons, comme ils aimaient leurs élèves : c'était un vrai paradis pour la jeunesse, que cette maison. Les plus jeunes enfants avaient leur habitation séparée de celle des autres ; elle se trouvait au bout du parc, dans un jardin ombragé d'acacias, de lilas et de peupliers. Là, dans de simples conversations, les professeurs développaient les premières notions des sciences que l'on étudiait dans la grande maison. Tous étaient aimés, mais il y en avait un que l'on préférait encore: c'était le professeur d'histoire naturelle; ses leçons étaient de vraies parties de plaisir, et quelques uns des élèves les plus âgés les rédigeaient pour les conserver; c'est dans le portefeuille de l'un d'eux, qui aujourd'hui commence, quoique jeune encore, à tenir un rang distingué dans la société, que nous avons puisé le texte que nous joignons à nos gravures. Notre récit doit à cette circonstance d'être divisé par leçons; nous n'avons rien voulu changer au manuscrit dû à la plume d'un enfant de dix ans; nous transcrirons fidèlement.

Je commence aujourd'hui, 10 mai 1825, ce cahier qui contient le résumé des leçons de notre professeur d'histoire naturelle; je veux donner à ces leçons mon attention tout entière, afin de n'en rien omettre.

M. A..., notre professeur, dans une promenade que nous fîmes jeudi dernier, nous avait appris ce qu'il faut entendre par nature, par animaux, végétaux et minéraux. « Mes enfants, nous a-t-il dit en commençant cette première leçon, vous n'avez pas oublié le sujet de notre dernier entretien, je n'y reviendrai donc pas aujourd'hui, et je passerai immédiatement à la classification des animaux.

Une classification est la répartition des objets classés, d'après les traits de ressemblance qu'ils ont entre eux. On a donc réuni d'abord ceux des animaux qui se ressemblent tous par un grand caractère qui se retrouve chez chacun d'eux. Ce caractère consiste à avoir des os; tous ceux qui en possèdent ont donc formé le premier groupe; et comme les animaux qui ont des os ont nécessairement une épine du dos, ou colonne vertébrale, assemblage de petits os nommés vertèbres, le premier groupe a été appelé division des animaux vertébrés. Les animaux qui n'ont pas d'os, et il y en a un bien grand nombre, se sont trouvés séparés des premiers, et ils forment le second groupe, dit des invertébrés, ou des animaux sans os et sans vertèbres.

Voilà donc les deux grandes divisions animales:

1° Les animaux vertébrés.
2° Les animaux invertébrés.

Mais, mes bons amis, ce n'était pas assez de ces divisions; parmi les vertébrés tous ne sont pas semblables par leurs formes : de là la nécessité d'opérer parmi eux de nouvelles séparations. Ainsi, jetez les yeux sur ces figures (notre professeur avait un volumineux cahier de belles estampes coloriées) (1), voici des animaux couverts de poils, quelques uns d'écailles, qui ont quatre membres, dont les petits naissent vivants, et se nourrissent pendant les premiers temps de leur existence du lait de leurs mères : ces animaux sont appelés *mammifères*, c'est-à-dire qui portent des mamelles.

Ceux-ci sont ornés de plumes nuancées chez la plupart de riches et brillantes couleurs ; ils ont quatre membres dont deux servent à la marche, et deux autres les soutiennent dans l'air par des mouvements rapides; ces animaux sont ovipares, c'est-à-dire qu'ils pondent des œufs d'où sortent les petits qui se nourrissent dès leur naissance les uns de grain, les autres d'insectes, d'autres de chair.

Vous reconnaissez facilement à ces traits les oiseaux.

Examinez ceux-ci, leur corps est couvert d'écailles ou d'une peau nue, un petit nombre sont armés d'une épaisse cuirasse écailleuse; les uns ont quatre pieds, les autres n'en n'ont pas ; tous traînent leur ventre sur la terre en marchant : c'est ce qu'on appelle ramper ; ils sont aussi ovipares.

Ce sont les reptiles.

Passons à ceux-là : leur corps est alongé, il est privé de membres, mais on lui reconnait des organes appelés nageoires, qui sont de véritables rames ; le corps se termine par une queue plate, faite pour se mouvoir de droite à gauche et remplissant les fonctions de gouvernail. On voit que ces êtres sont destinés à vivre dans l'eau, leur peau est huileuse et nue, ou revêtue d'écailles fines, souvent richement teintes de reflets d'or et d'argent. Ces animaux sont encore ovipares : ce sont les poissons.

Comme vous le voyez, parmi les animaux vertébrés on est facilement conduit par un examen, même superficiel, à établir quatre classes :

(1) Nos lecteurs peuvent y suppléer par l'Album des gravures joint à cet ouvrage, dans lequel nous avons soigneusement reproduit tous les animaux décrits plus spécialement dans les conversations du professeur.

1° Les Mammifères.
2° Les Oiseaux.
3° Les Reptiles.
4° Les Poissons.

Dans le groupe des invertébrés, des différences d'organisation nécessitent de même des classes diverses.

Ici sont des coquillages; vous connaissez tous les coquillages : voyez les admirables couleurs des uns, le riche reflet de la nacre qui brille sur les autres. Ces magnifiques palais sont les demeures d'animaux mous que l'on nomme mollusques. Les limaces, les limaçons, les huîtres, les moules, sont des mollusques. Nous verrons plus tard comment ils sont subdivisé entre eux.

Sur ces feuilles sont des animaux qui servent souvent à vos jeux, les insectes, les papillons; d'autres que les gourmands recherchent pour satisfaire leur sensualité, les homards, les écrevisses, les crevettes; plusieurs qui sont pour vous un objet de répugnance, les araignées; enfin d'autres nommés vers. Ces différents êtres appartiennent à la division des articulés, c'est-à-dire dont la peau est composée de pièces cornées, mobiles, jointes les unes aux autres.

Nous arrivons à la dernière division : là sont les plus singuliers de tous les êtres, ils s'éloignent même pour la plupart des formes animales à un tel point, qu'on les prendrait, sans un sérieux examen, pour des végétaux. Les uns sont composés de rayons autour d'un centre ; d'autres ressemblent à des sacs, quelques uns à des fleurs. Ce sont les animaux rayonnés.

Les animaux invertébrés nous donnent donc encore trois divisions :

1° Les Mollusques.
2° Les Animaux articulés.
3° Les Animaux rayonnés.

Arrêtons-nous ici; dans notre premier entretien, nous parlerons des mammifères, et j'espère fixer votre attention par l'intérêt que nous offrira leur histoire. Terminons, mes amis, en admirant l'œuvre majestueuse de la création; l'immense multitude des êtres vivants qui peuplent le globe n'ont que deux types, l'animal vertébré et l'animal privé de système osseux, et de ces deux formes primitives dérivent des espèces sans nombre; quelle simplicité étonnante dans le point de départ! quelle variété infinie dans l'ensemble et dans les détails! comme la puissance divine est fortement empreinte dans cette œuvre miraculeuse!

Deuxième Leçon.

DIVISION DE LA CLASSE DES MAMMIFÈRES EN ORDRES.

HISTOIRE DES QUADRUMANES. — LEURS GENRES.

LE PONGO, LA GUENON-NASIQUE, LA GUENON-MALBROUCK, LE PAPION, LE MANDRILL, LE BRACHYURE, LE TARSIER, L'OUISTITI, LE MAKI, LE MOCOCO.

Mes chers enfants, les mammifères seront l'objet de notre conversation d'aujourd'hui et même des jours suivants; nous allons commencer par les diviser en ordres, puis nous examinerons les principaux genres de chacun de ces ordres. Établissons d'abord exactement les caractères des mammifères.

« Les mammifères, dit l'illustre Cuvier dans son bel ouvrage du règne animal, les mammifères doivent être placés à la « tête du règne animal, non seulement parce que c'est la classe à laquelle nous appartenons nous-mêmes, mais encore « parce que c'est celle de toutes qui jouit des facultés les plus multipliées, des sensations les plus délicates, des mouve- « ments les plus variés, et où l'ensemble de toutes les propriétés paraît combiné pour produire une intelligence plus « parfaite, plus féconde en ressources, moins esclave de l'instinct, et plus susceptible de perfectionnement. »

La forme des mammifères, leur manière de se tenir appuyés sur le sol, leur marche, dépendent de la conformation de leur squelette; tous ont néanmoins les mêmes os, le même nombre de membres, mais dans chaque genre les os et les membres ont une configuration appropriée au genre de vie de chaque animal. La tête des mammifères est une boîte osseuse qui renferme le cerveau, elle s'articule sur la colonne vertébrale; la mâchoire supérieure est immobile, tous les mouvements pour broyer les aliments sont exécutés par la mâchoire inférieure. La poitrine est formée par les vertèbres dorsales en arrière, le sternum en avant, et sur les côtés par les côtes qui se fixent aux vertèbres et au sternum. Cette poitrine renferme le cœur et le poumon, elle est séparée du ventre ou abdomen par une cloison charnue et membraneuse nommée diaphragme, percée d'ouvertures pour laisser passer les vaisseaux et l'œsophage, conduit qui se rend de la bouche à l'estomac. L'abdomen contient : le foie, la rate, le pancréas, l'estomac, les intestins et leurs attaches, les reins qui produisent l'urine, enfin la vessie.

D'après leur structure, leur démarche et leurs habitudes, les mammifères ont été divisés en neuf ordres : 1° les bimanes; 2° les quadrumanes; 3° les carnassiers; 4° les rongeurs; 5° les marsupiaux; 6° les édentés; 7° les pachydermes; 8° les ruminants; 9° les cétacés.

Le premier ordre, celui des bimanes, renferme le genre humain tout entier. Bien que les naturalistes commencent par traiter de l'homme physique, nous n'en parlerons pas ici, car l'homme ne se compose pas seulement d'organes, et son étude doit être toute spéciale.

Le second ordre est celui des quadrumanes. (*Pl.* 1, *fig.* 1 *à* 10.) Il comprend les singes.

Les quadrumanes se rapprochent de l'homme par les formes du corps; ils ont les mêmes organes et en même nombre; cependant ils en diffèrent physiquement (car je ne parle pas des différences intellectuelles), en ce que les pieds de derrière sont de véritables mains, plates, à longs doigts, ayant des pouces libres et opposables, possédant la même souplesse, la même flexibilité que la main de l'homme. De là le nom de quadrumanes (qui a quatre mains). Ces animaux, à cause du rapprochement des articulations de leurs cuisses, se tiennent debout avec peu de facilité, mais en compensation la disposition de leurs quatre mains les rend propres à se tenir sur les arbres : aussi est-ce là qu'ils habitent ordinairement.

L'ordre des quadrumanes se divise en deux familles : les singes et les makis.

PREMIÈRE FAMILLE. — LES SINGES.

La nombreuse famille des singes se partage en deux groupes, les singes de l'ancien continent et les singes du nouveau monde ou de l'Amérique. Geoffroi-Saint-Hilaire nomme les premiers singes catarrhinins ou à narines ouvertes inférieurement, et les seconds singes platyrrhinins, ou à nez plat, dont les narines sont ouvertes latéralement.

La division des singes catarrhinins renferme six genres comprenant cinquante-deux espèces, dont les unes habitent l'Asie et les autres l'Amérique. Ce sont les genres : orang, gibbon, guenon, colobe, cynocéphale et macaque.

L'ORANG ROUX. (*Pl.* 1, *fig.* 1.) — Le genre orang est celui qui se rapproche le plus de l'espèce humaine; on lui donne pour caractères : un angle facial de 60 degrés, des bras qui descendent au dessous du genou, pas de queue ni d'abajoues, trente-deux dents, huit incisives, quatre conoïdes, vingt molaires.

L'orang roux habite les îles de Sumatra et de Bornéo; sa taille s'élève jusqu'à six pieds, sa force est prodigieuse : un orang peut terrasser facilement plusieurs hommes. Les paupières, le nez, la bouche et le tour des lèvres de cet animal sont couleur de chair, le reste du visage est d'un bleu ardoisé; de longs poils roux disposés en chevelure couvrent la tête, une barbe bien fournie entoure les joues et orne le menton. La poitrine est large, le ventre volumineux, les bras, excessivement longs, sont terminés par une main vigoureuse dont les doigts atteignent jusqu'aux pieds.

Les orangs roux sont très-intelligents; ils vivent en société dans les forêts vierges des grandes îles que nous venons de citer, et on ne saurait les y attaquer. Ceux qui ont été conduits en Europe sont de très-jeunes individus, dont les mères ont été tuées hors de leurs forêts. Ces jeunes orangs se sont toujours montrés doux, dociles, affectueux envers les personnes qui en prenaient soin. On en voyait un fort jeune au Jardin des plantes il y a quelques années; son intelligence et sa douceur étaient remarquables; il y a vécu peu de temps, car ces singes ne peuvent s'habituer aux variations de notre température. On trouve dans les forêts de l'Afrique occidentale une autre espèce de ce genre, l'orang noir, qui est le jocko de Buffon; il est moins grand, mais non moins intelligent que l'orang roux; on a vu quelques personnes s'en servir comme de domestique, et l'habituer à verser à boire et à changer les assiettes; il se fait aisément à nos mets et à nos boissons : il recherche le vin, le thé et le café.

LA GUENON-NASIQUE. (*Pl.* 1, *fig.* 2.) — Le genre guenon est caractérisé par un angle facial de 50 degrés, une tête ronde, un nez plat, des callosités ischiatiques, une queue longue non prenaute, les membres antérieurs d'un cinquième plus longs que les postérieurs, trente-deux dents.

Le genre guenon se subdivise : 1° en cercopithèques ou guenons qui ont des abajoues, c'est-à-dire des poches membraneuses dans l'épaisseur des joues, dont l'ouverture se trouve dans la bouche : c'est une sorte de grenier de réserve pour ces animaux ; 2° en semnopithèques ou guenons sans abajoues. Les premières sont toutes africaines, leur caractère est pétulant, irascible, malfaisant. Les secondes habitent l'Asie : elles sont douces et graves.

La guenon-nasique appartient au groupe des semnopithèques ; son nom lui vient de la saillie excessive de son nez, qui a trois pouces de long, lorsque toute la taille de l'animal ne dépasse pas vingt-quatre pouces. Le pelage de ce singe est fauve teint de roux. La guenon-nasique, appelée aussi kahau, à cause de son cri, habite les grandes îles de la Malaisie et la Cochinchine ; elle vit en sociétés nombreuses dans les bois qui avoisinent les rivières. Les Indous attribuent une haute intelligence au nasique. Lorsque les ambassadeurs de Tipou-Saëb, sultan du Mysore, vinrent solliciter pour leur maître l'appui de Louis XVI, on les conduisit au Muséum d'histoire naturelle ; en voyant cet animal qu'ils reconnurent, ils dirent : « C'est « une race humaine retirée dans les bois, qui ne veut pas parler pour conserver sa liberté et ne pas payer d'impôts. »

LE MALBROUCK. (*Pl.* 1, *fig.* 3.) — Le malbrouck appartient à la division des cercopithèques. Ce singe a le pelage verdâtre en dessus, cendré sur les membres, la face couleur de chair, un bandeau blanc et noir sur les sourcils ; il habite l'ouest de l'Afrique, où il fait de grands dégâts dans les jardins et les champs cultivés.

LE PAPION. (*Pl.* 1, *fig.* 4.) — Le papion est le plus redoutable des singes féroces du genre cynocéphale ou singes à tête de chien. Les cynocéphales ont un angle facial de 30 à 35 degrés, des saillies au dessus des sourcils, un museau alongé comme celui du chien, des dents conoïdes (canines) très-fortes, une queue plus ou moins longue selon les espèces. Les cynocéphales sont de la taille de nos plus grands chiens, leur force est considérable ; ils marchent à quatre pattes et se tiennent de préférence à terre. Le papion est couvert de poils d'un jaune tirant sur le brun, son visage noir est entouré de favoris fauves ou blanchâtres. Ce singe est intraitable, les armes à feu ne l'effraient pas ; quoiqu'il ne se nourrisse que de fruits, il déchire tous les animaux qu'il rencontre. En 1822, un Anglais qui avait poursuivi trop loin un de ces singes, sur la montagne de la Table, au Cap de Bonne-Espérance , se trouvant cerné par une troupe de papions , aima mieux se précipiter d'un rocher de cent mètres d'élévation que de tomber entre leurs mains. Le papion habite l'Afrique méridionale et occidentale.

LE MANDRILL. (*Pl.* 1, *fig.* 5.) — Le mandrill fait, comme le précédent, partie du genre cynocéphale; il est hideux et repoussant, quoique moins féroce que le papion. Le pelage du mandrill est gris-brun olivâtre sur le dos ; une barbe jaune termine son menton, ses joues sont bleues et creusées de sillons ; elles encadrent un nez d'un rouge pourpre très-brillant. Autour de la queue la peau est nue, rouge, nuancée de bleu et de jaune. Ce singe habite les forêts de la Guinée ; les nègres le redoutent beaucoup.

La division des singes platyrrhinins a été partagée par Geoffroi-Saint-Hilaire en trois groupes : 1° les hélopithèques, qui ont une queue prenante, tenant lieu d'une cinquième main ; 2° les géopithèques, ou singes qui vivent à terre , et les arctopithèques, ou petits singes qui ont les ongles conformés comme ceux des ours.

Le groupe des hélopithèques se compose de cinq genres : les hurleurs, les atèles, les ériodes, les lagotriches et les sajous. Ce dernier genre est riche en espèces, c'est à lui qu'appartient la grande majorité de ces singes à queue prenante que de petits Savoyards promènent dans nos villes.

Le groupe des géopithèques renferme quatre genres : les callitriches, les nictipithèques, les sakis et les brachyures.

Le groupe des arctopithèques n'a que deux genres : les ouistitis et les tamarins.

LE BRACHYURE. (*Pl.* 1, *fig.* 6.) — Les brachyures ont l'angle facial de 60 degrés, la tête ronde, les oreilles petites, une longue barbe, trente-six dents, une queue courte; ils appartiennent au groupe des géopithèques. Le brachyure représenté dans notre album est le capucin; il porte une longue barbe dont il prend le plus grand soin; comme il craint de la mouiller en buvant, il puise de l'eau avec la main et prend les plus grandes précautions pour l'avaler sans en répandre. Lorsque les brachyures sont irrités, ils se dressent sur leurs pieds, se frottent la barbe, grincent des dents, et s'élancent sur l'ennemi. La taille du brachyure est d'un pied et demi. Privées de la queue prenante des hélopithèques, moins fortes que ces derniers, les espèces du genre brachyure habitent les broussailles ou les petites cavités placées au pied des arbres dans les forêts de l'Amérique du sud.

L'OUISTITI. (*Pl.* 1, *fig.* 8.) — Le genre ouistiti renferme sept espèces de singes appartenant à la subdivision des arctopithèques. On reconnaît les ouistitis à leurs dents incisives supérieures larges, tandis que les inférieures sont étroites et alongées ; à leurs ongles comprimés, arqués, crochus, semblables à ceux des ours ; la taille des ouistitis varie, selon les espèces, de huit à dix pouces.

Tous les singes arctopithèques perdent, en quelque sorte, les caractères des quadrumanes ; leurs mains ne sont plus que des griffes peu capables de saisir ; mais la diminution de cet avantage est compensée par de longs ongles aigus à l'aide desquels ils grimpent le long des tiges et des branches des arbres. Le corps de ces animaux est extrêmement petit, ce qui leur donne l'avantage de pouvoir établir leur séjour sur les cimes des arbres où les autres singes ne peuvent les troubler. La tête des arctopithèques est remarquable par son volume ; l'angle facial en est de 60 degrés ; quoique le développement du front provienne de l'amplitude des fosses nazales, et que le volume du cerveau n'y réponde pas entièrement, néanmoins les arctopithèques sont assez intelligents ; ils reconnaissent très-bien sur les gravures les insectes dont ils se nourrissent, et ils font des efforts pour les saisir ; le chat est leur ennemi : si on leur en montre l'image, ils fuient tremblants et effrayés.

L'ouistiti dont nous donnons la figure est l'ouistiti à pinceau ; son pelage est gris-brun ; la face est entourée de deux grandes touffes de poils blancs placées devant les oreilles, la queue est touffue et colorée par anneaux alternativement bruns et blancs. Les ouistitis habitent l'Amérique du sud, ils se nourrissent de fruits, d'insectes, d'œufs, et de jeunes oiseaux auxquels ils ouvrent le crâne, dévorent le cerveau, les cartilages du bec, les tendons des pattes et sucent le sang. Les cris des ouistitis sont très-variés, suivant les passions qui les agitent ; c'est ordinairement un sifflement bref et très-aigu.

DEUXIÈME FAMILEL. — LES MAKIS.

Les makis, lémuriens de Linnée, sont appelés par Geoffroi-Saint-Hilaire singes strepsierhinins ou à narines sinueuses, à cause de l'obliquité et de la grande étendue de leur organe de l'odorat. Ces singes ont quatre dents incisives à la mâchoire supérieure et six à l'inférieure ; un autre de leurs caractères est fourni par la dernière phalange du second doigt des pieds de derrière ; cette phalange est plus courte que les autres, elle est armée d'un ongle mince, long et pointu, tandis que les autres doigts ont des ongles courts et plats. Les membres inférieurs des makis sont longs : aussi ces animaux ne se meuvent que par bonds et par sauts, ils marchent rarement, et, lorsqu'ils le font, c'est en suivant une ligne oblique et en se posant sur quatre pattes, quelquefois sur trois, parce qu'ils emploient la quatrième à porter quelque objet. La queue des makis est longue, elle contribue à leur donner de la grace. Les makis ont à peu près les habitudes des singes : comme eux ils se tiennent souvent sur les arbres; mais pour se reposer ils rechercent les cavernes et les arbres creux; ils dorment assis, la tête inclinée et le museau appuyé sur la poitrine. Ces animaux sont tout à la fois frugivores et carnassiers, ils poursuivent avec ardeur les oiseaux et les petits quadrupèdes. La plupart des makis habitent la grande île de Madagascar; ils se tiennent dans les bois, recherchent la chaleur du soleil levant, mais se retirent dans leurs tanières au milieu du jour. La famille des makis est formée de huit genres : les makis proprement dits, les indris, les cheïrogales, les microcèbes, les loris, les nycticèbes, les galages et les tarsiers.

LE MAKI NOIR. (*Pl.* 1, *fig.* 9.) — Le genre maki se reconnaît à son museau long et effilé, ses trente-deux dents, son poil laineux et doux, sa queue longue. Les singes de ce genre sont à demi nocturnes; ils vivent en troupes, prennent indifféremment leur nourriture avec les mains ou avec la bouche; ils lapent en buvant à la manière des chiens. Le maki noir est couvert d'un pelage d'un brun très-foncé.

LE MOCOCO. (*Pl.* 1, *fig.* 10.) — La taille du mococo est de deux pieds, son pelage est gris-cendré, sa queue est longue et annelée de noir et de blanc. Un maki mococo a vécu dix-neuf ans à la ménagerie du Muséum d'histoire naturelle; le froid l'incommodait beaucoup en hiver, et il cherchait à s'en garantir en se ramassant en boule, les jambes repliées sur le corps, et en se couvrant la tête avec sa queue; souvent il s'asseyait devant un foyer et tenait ses mains et son visage aussi près du feu qu'il le pouvait. Il lui arrivait quelquefois de se brûler les moustaches; alors il se contentait de tourner la tête sans s'éloigner.

LE TARSIER. (*Pl.* 1, *fig.* 8.) — Les tarsiers ont la tête ronde, le museau court, les yeux très-grands, les membres postérieurs longs; leur pied a trois fois plus d'étendue que la main; ils tirent leur nom de leur *tarse* énorme (le *tarse* est la partie du pied qui supporte les doigts). La queue des tarsiers est longue, leurs mâchoires sont armées de trente-quatre dents, six incisives, quatre conoïdes, vingt-quatre molaires. Les tarsiers se tiennent dans les arbres touffus, ils se cachent au milieu du feuillage agitant leur longue queue dont ils se servent comme d'appât pour attirer les insectes qui leur servent de nourriture. Ces animaux sont nocturnes; on les trouve dans l'archipel d'Amboine, il y en a trois espèces : le tarsier spectre, le tarsier aux mains brunes et le tarsier de Banca. Notre planche représente la première espèce.

Troisième Leçon.

LES CARNASSIERS.

Les Chéiroptères ou Chauves-Souris : l'Oreillard, la Barbastelle, la Pipistrelle, le Vampire, les Roussettes.
Les Insectivores : le Hérisson, la Taupe, le Condylure, la Musaraigne, le Desman.
Les Plantigrades : l'Ours brun, l'Ours blanc, l'Ours noir, le Blaireau, le Raton.

Après l'ordre des quadrumanes vient celui des carnassiers, c'est-à-dire des mammifères qui se nourrissent par préférence de chair. L'ordre des carnassiers est subdivisé en cinq familles : 1° les chéiroptères ; 2° les insectivores ; 3° les plantigrades ; 4° les digitigrades ; 5° les amphibies.

LES CHÉIROPTÈRES.

Les animaux qui appartiennent à cette famille sont caractérisés par un vaste repli de la peau, tendu entre les quatre membres ; quand ce repli est étendu, il soutient le chéiroptère et permet à quelques uns de voler avec autant de facilité que les oiseaux. Le mot chéiroptère signifie qui a des ailes aux mains ; ce mot est exact, car l'aile des chauves-souris et de tous les chéiroptères est formée par un développement excessif de l'avant-bras et de la main.

La famille des chéiroptères comprend trois subdivisions : 1° les chauves-souris insectivores ; 2° les roussettes ou chauves-souris frugivores et insectivores ; 3° les galéopithèques.

Les chéiroptères, dit Geoffroi-Saint-Hilaire, diffèrent des autres mammifères par leurs habitudes, et c'est à la seule modification de leurs bras qu'elles doivent cette différence ; en effet, pourquoi la chauve-souris, dont la conformation se rapproche presque entièrement de celle du singe, au lieu de courir sur la terre, ou de se tenir sur les arbres, s'élance-t-elle dans les plaines de l'air ? C'est que son bras alongé comme celui des orangs se termine par une main dont les doigts sont plus longs que le membre tout entier, c'est que la peau s'étend d'un doigt à l'autre, se prolonge de la main à la cuisse et au pied, et va même envelopper la queue, et que tout ce développement constitue une sorte d'aile assez résistante pour frapper l'air et soutenir la chauve-souris. Lorsque cette membrane est repliée, elle compose un manteau qui enveloppe l'animal, sous lequel la mère retire ses petits pendant qu'elle les allaite ; cette membrane est encore le siége d'un toucher très-délicat. Tous les sens de la chauve-souris, l'œil, l'odorat, l'ouïe, le goût, sont d'une exquise sensibilité ; sa bouche fendue jusqu'aux oreilles s'ouvre largement pour qu'elle puisse saisir les insectes au vol ; enfin, cet animal, qui est un objet d'effroi pour les ignorants aveuglés par les préjugés, est un de ceux que le Créateur a doués le plus libéralement de ce qui peut satisfaire les besoins.

Les pieds de derrière de la chauve-souris ont des doigts courts, terminés par des ongles longs, recourbés, aigus, qui ne servent qu'à la suspendre aux voûtes des souterrains où elle se livre au repos, placée la tête en bas ; car la chauve-souris ne dort que dans cette position qui lui est favorable pour prendre son vol dès que quelque danger la menace. Les chauves-souris passent l'hiver engourdies dans des souterrains obscurs ; elles en sortent au printemps ; on les voit alors au crépuscule du matin et du soir poursuivre, en volant, les insectes dont elles font leur proie ; pendant le jour elles se cachent : les greniers, les granges, les clochers, les piles de bois leur servent de retraite.

La première division des chéiroptères renferme seize genres, dont les sept premiers ont le nez sans membranes extérieures, et les neuf autres ont l'extérieur des narines entouré de membranes en forme de feuilles ou d'entonnoir. Les genres sans membranes nazales sont : 1° vespertilion ; 2° oreillard ; 3° myoptère ; 4° noctilion ; 5° molosse ; 6° nyctinome ; 7° sténoderme. Les genres à membranes nazales sont : 1° vampire ; 2° glossophage ; 3° rhinopome ; 4° rhinolophe ; 5° mégaderme ; 6° nyctère ; 7° taphien ; 8° mormops ; 9° nyctophiles.

L'OREILLARD. (*Pl.* 1, *fig.* 11.) — La chauve-souris oreillard a les oreilles plus grandes que la tête, et elles sont soudées ensemble sur le sommet du crâne ; le pelage est gris-noirâtre. Cette chauve-souris est très-commune ; elle se nourrit de hannetons, de mouches et de cousins.

LA BARBASTELLE. (*Pl.* 1, *fig.* 12.) — Elle appartient au genre oreillard, ses oreilles sont plus petites que celles de l'animal précédent ; elles ne sont pas soudées, le pelage est brun.

LA PIPISTRELLE. (*Pl.* 1, *fig.* 13.) — C'est la plus petite des chauves-souris de notre pays ; elle appartient au genre vespertilion, ses oreilles sont triangulaires, son pelage est brun-noirâtre.

LE VAMPIRE. (*Pl.* 1, *fig.* 14.) — Le nom de vampire rappelle des idées d'horreur et de carnage ; quoique cette chauve-souris soit dangereuse, elle n'est pas cependant aussi redoutable qu'on se l'imagine au premier abord. Le vampire est une chauve-souris de l'Amérique du sud, qui appartient au genre phyllostome ; il se nourrit d'insectes, et quelquefois il attaque les hommes et les animaux endormis, il leur fait une plaie imperceptible et leur suce le sang. C'est à l'aide d'un appareil particulier placé à l'extrémité de la langue que les phyllostomes ouvrent la peau des animaux qu'ils attaquent ; il consiste en un cercle de verrues. Pour l'employer, le vampire alonge d'abord sa langue en forme de lame, l'applique sur le point qu'il veut entr'ouvrir, perce la peau et rapproche ses verrues qui entourent de leur cercle la petite plaie ; ensuite le vampire fait le vide en aspirant l'air, la peau du blessé s'y enfonce et le sang coule. Le naturaliste espagnol Félix d'Azzara, endormi en pleine campagne, a éprouvé quatre fois les atteintes des vampires, et chaque fois il fut piqué au gros orteil ; il n'en résulta nul accident.

LA ROUSSETTE. (*Pl.* 1, *fig.* 15.) — Les roussettes sont remarquables par leur grande taille ; quelques unes ont cinq pieds d'envergure, c'est-à-dire de l'extrémité d'une aile à l'extrémité de l'autre ; leur tête est longue et conique ; elle rappelle par sa conformation celle d'un chien épagneul, ce qui a valu aux roussettes le nom vulgaire de chiens-volants. Les membranes des roussettes sont moins étendues que celles des chauves-souris insectivores : aussi s'élancent-elles moins loin dans les airs et n'y poursuivent-elles point de proie. Les roussettes se nourrissent de fruits ; elles ne recherchent les insectes que lorsqu'elles manquent de leur nourriture habituelle. Ces animaux sont doux ; ils effraient d'abord par leur grande taille, le bruit de leur vol, leur apparition en troupe au milieu de la nuit, l'odeur désagréable qu'ils répandent. Les contrées voisines des tropiques et de l'équateur sont leur demeure. On commence dans nos climats à trouver des roussettes en Sicile et sur les côtes d'Afrique ; ce sont elles qui ont donné naissance, chez les anciens, à la fable des Harpies.

La division des roussettes se compose de six genres : les roussettes, les céphalottes, les pachysomes, les harpies, les cynoptères et les macroglosses.

Quant aux animaux de la troisième division, les galéopithèques, ils ont des membranes très-courtes qui ne dépassent pas le poignet et s'étendent seulement jusqu'aux pieds ; incapables de servir au vol, ces membranes ne sont plus que des parachutes qui retardent la descente de l'animal lorsqu'il se précipite du haut d'un arbre en bas. Les galéopithèques sont nocturnes et insectivores ; ils habitent l'Indoustan, la Chine, la Malaisie et quelques archipels de la Polynésie ; il n'y en a qu'un genre et trois espèces : le galéopithèque roux, le galéopithèque varié et le galéopithèque de Ternate.

LES INSECTIVORES.

Les animaux de la famille des insectivores ont pour caractères distinctifs : des dents molaires hérissées de pointes, des pieds courts dont la plante porte sur le sol ; ceux de derrière ont toujours cinq doigts, tous sont armés d'ongles robustes et aigus (1).

LE HÉRISSON. (*Pl.* 2, *fig.* 1.) — Les hérissons ont le corps couvert de piquants au lieu de poils, la peau est munie d'un muscle peaussier si fort et si étendu, que le corps peut se replier en boule ; la queue est courte ; les pieds ont cinq doigts munis d'ongles propres à creuser la terre. Les hérissons habitent les jardins, les bois, les prairies ; ils se nourrissent d'insectes, de reptiles et de petits animaux ; ils dévorent surtout de grandes quantités d'insectes ; j'ai vu dernièrement un hérisson manger plus de cinquante hannetons dans un seul repas, et recommencer quelques heures après. Il est douteux que les hérissons mangent des fruits. Ces animaux passent l'hiver sans prendre de nourriture et entièrement engourdis. Il y en a deux espèces : le hérisson d'Europe et le hérisson à longues oreilles, que l'on trouve dans toute l'Asie, depuis le Volga jusqu'à l'Égypte. Nous avons donné la figure du hérisson d'Europe.

LA TAUPE. (*Pl.* 2, *fig.* 2.) — Ce serait avec un sourire d'incrédulité que les personnes étrangères à l'histoire natu-

---

(1) La famille des insectivores est composée de dix genres : les hérissons, les taurecs, les condylures, les taupes, les scalopes, les talpasores, les chrysochlores, les musaraignes, les tupaïas, et les desmans.

relle entendraient dire que la taupe est de tous les animaux le plus féroce ; c'est cependant une vérité ; la taupe ne peut pas rester plusieurs heures sans nourriture ; pour elle le besoin de manger est le plus impérieux ; si elle a faim, elle s'élance avec rage sur le premier être qu'elle rencontre, un insecte, une grenouille, un oiseau, un rat, sur un individu même de sa propre espèce ; elle saisit sa proie par le ventre, la déchire, ouvre la plaie avec ses mains, y plonge la tête entière, boit le sang, dévore les chairs, les os, et ne laisse que la peau ; rien ne peut la distraire, ni les coups, ni les blessures qu'on lui fait, elle est insensible à tout. La taupe a le corps trapu, velu ; la tête alongée, pointue, le museau cartilagineux, renforcé par un os appelé os du boutoir. Les pattes antérieures sont courtes et larges, elles ont la forme d'une main terminée par des doigts armés d'ongles robustes propres à creuser la terre. C'est dans les galeries qu'elle se creuse avec une rapidité merveilleuse que la taupe poursuit sa proie, qui consiste en vers de terre, insectes et larves d'insectes ; jamais elle ne touche aux végétaux pour s'en nourrir. Si elle occasionne quelques dégâts dans les jardins en fouillant au pied des plantes délicates, elle dédommage amplement le cultivateur par la destruction qu'elle fait des insectes nuisibles, et surtout des larves de hannetons : c'est donc à tort qu'on lui fait une guerre impitoyable ; on devrait se borner à l'empêcher de multiplier par trop.

On connaît en Europe deux espèces de taupes : la taupe commune, et la taupe aveugle, ainsi désignée parce que son œil, qui est de la dimension d'un grain de millet, est recouvert d'une paupière sans ouverture.

LE CONDYLURE A MUSEAU ÉTOILÉ. (*Pl. 2, fig. 3.*) — Les condylures ressemblent à la taupe pour les formes et le genre de vie ; il y en a deux espèces ; celle que nous décrivons a le nez entouré de vingt lanières cartilagineuses, roses, disposées en forme d'étoile et qui doivent servir à augmenter la finesse de l'organe de l'odorat. Le condylure à museau étoilé habite le Canada.

LA MUSARAIGNE. (*Pl. 2, fig. 4.*) — Les musaraignes ont le museau très-effilé, les oreilles courtes, arrondies, cinq doigts onguiculés à chaque pied ; leur œil est très-petit, moins cependant que celui de la taupe, et comme ce dernier il n'a pas de nerf optique. On trouve sous la peau des flancs des musaraignes une rangée de glandes qui produisent un liquide musqué. Les musaraignes habitent les jardins, les prairies et les bois ; elles se nourrissent d'insectes, principalement de limaces ; c'est à tort que l'on a cru que leur morsure était dangereuse. Le genre musaraigne est composé de vingt et une espèces habitant diverses contrées ; nous avons figuré la musaraigne commune, qui est grise en dessus, cendrée en dessous, à queue carrée d'un tiers plus courte que le corps.

LE DESMAN. (*Pl.* 2, *fig.* 5.) — Les caractères du genre desman sont : le museau terminé par une petite trompe mobile, les oreilles courtes, cinq doigts à chaque pied, réunis par une membrane ; la queue est comprimée latéralement en forme de rame ; elle est écailleuse comme celle du rat. Les desmans sont des animaux destinés à vivre en partie dans l'eau et en partie sous terre ; ils se creusent des terriers sur le bord des lacs, des rivières et des étangs ; l'entrée est sous l'eau, l'extrémité est assez élevée pour être au dessus du niveau des grandes inondations. Les desmans cherchent leur nourriture au fond du bassin des lacs ou des rivières qu'ils habitent, elle se compose de vers, de sangsues et de larves d'insectes ; de temps à autre ils montent à la surface de l'eau et font sortir l'extrémité de leur trompe pour respirer. Il y a deux espèces de desmans : celui de Moscovie dont nous donnons la figure, et le desman des Pyrénées.

FAMILLE DES PLANTIGRADES.

Nous arrivons actuellement, mes petits amis, à une famille qui vous est plus connue et qui excitera davantage votre intérêt, je veux parler de la famille des plantigrades ; les animaux qui en font partie se reconnaissent à ce qu'ils appuient la plante des pieds sur le sol en marchant ; leurs dents conoïdes (canines) sont très-fortes ; tous vivent de proies. Cette famille comprend dix genres : les genres ours, raton, blaireau, glouton, arctonyx, coati, panda, ictide, kinkajou et paradoxure.

L'OURS BRUN. (*Pl.* 2, *fig.* 6.) — Les ours ont les trois dernières grosses molaires de chaque côté des mâchoires très-fortes, carrées, tuberculeuses ; les pieds, à cinq doigts, sont armés d'ongles puissants, la queue est courte. Le corps des ours est grand, trapu, les membres sont épais et robustes ; la taille de ces animaux égale souvent celle des plus grandes espèces de la famille des digitigrades ; cependant, quoique peu d'animaux puissent lutter avantageusement contre eux, ils sont peu dangereux, parce que leur appareil digestif les rend omnivores, et qu'ils apaisent aussi bien leur faim avec des fruits et des racines qu'avec de la chair. L'ours n'attaque jamais l'homme le premier, et ce n'est guère que lorsqu'il est pressé par une faim violente et par le manque de toute autre nourriture qu'il se décide à poursuivre une proie vivante ; dans cette chasse il se montre tout à la fois prudent et courageux. Les ours sont friands de miel ; ils recherchent avec empressement les ruches d'abeilles sauvages, ils s'en emparent en bravant la fureur de ces insectes, garantis qu'ils sont contre leurs atteintes par une épaisse fourrure.

L'ours est solitaire, il se retire dans les forêts des montagnes, il s'y creuse un antre ou se construit une cabane de branchages où il passe l'hiver dans un profond engourdissement et sans prendre de nourriture. Le genre ours est répandu dans toutes les latitudes et dans presque toutes les contrées du globe ; il y a même des espèces répandues dans plusieurs continents, comme l'ours polaire, par exemple, qui se trouve autour du cercle arctique en Europe, en Asie et en Amérique.

L'ours brun d'Europe est l'espèce la plus commune de notre continent ; sa taille est ordinairement de quatre à cinq pieds de longueur ; son pelage est brun-marron plus foncé sur le dos et la partie supérieure des membres, plus clair sur les côtés de la tête et du corps. Son poil est long, épais, touffu, excepté sur le museau et sur les pattes ; la tête de l'ours brun est large en arrière, triangulaire, et terminée par un museau effilé. Les jeunes diffèrent des adultes par un collier blanc autour du cou. Cette espèce vit solitaire sur les hautes montagnes boisées ; avant l'âge de trois ans elle ne touche jamais à une proie animale.

L'OURS BLANC. (*Pl.* 2, *fig.* 7.) — L'ours blanc, appelé aussi ours polaire et ours maritime, est remarquable par la couleur de son pelage entièrement blanc dans toutes les saisons, sur lequel tranchent son nez et ses ongles qui sont d'un noir foncé. L'ours polaire a le corps, le cou, la tête et les pieds plus longs que ne les ont les autres espèces ; son crâne est plat, de sorte que son museau se trouve presque sur la ligne du front. La taille de l'ours polaire est quelquefois de dix pieds de longueur. On rencontre sur les glaces du pôle arctique en Europe, en Asie et en Amérique cet ours, qui les parcourt pour se repaître de phoques et de cétacés ; il ne rôde que du mois de mars au mois de septembre ; il passe le reste de l'année engourdi sous la neige ou dans les fentes des blocs de glace. L'ours blanc est moins redoutable qu'on ne le pense d'après des récits exagérés ; il se façonne même assez aisément à l'esclavage ; on a vu l'équipage d'un prince polonais parcourir les rues de Varsovie, traîné par un attelage de quatre ours blancs.

L'OURS NOIR. (*Pl. 2, fig. 8.*) — Les individus de cette espèce sont plus petits que l'ours brun d'Europe ; leur pelage est formé de poils d'un noir brillant et de longueur médiocre ; on remarque une tache fauve au dessus de chaque œil ; les oreilles sont à peu près rondes, un peu écartées l'une de l'autre. L'ours noir est très-commun dans le Canada et tout le nord de l'Amérique ; on lui fait une chasse très-active pour s'emparer de sa fourrure dont on fabrique des coiffures militaires et des tapis. Cet animal est plus frugivore que carnivore ; il recherche le poisson et le miel. En hiver il s'engourdit sous la neige ou dans des troncs d'arbres creux.

LE BLAIREAU. (*Pl. 2, fig. 9.*) — Le blaireau ressemble par ses formes à un ours en miniature ; on reconnaît les animaux de ce genre à leurs jambes très-courtes, à leurs pieds à cinq doigts armés d'ongles tranchants propres à creuser la terre, à leur queue courte, très-velue, et à l'existence d'une poche placée sous la queue et remplie d'une matière grasse et fétide. Le blaireau a de deux à trois pieds de longueur ; le dessus de sa tête est presque blanc, une ligne noire s'étend d'une oreille à l'autre, en passant au dessus des yeux ; une autre ligne blanche placée au dessous de la première s'étend de l'épaule à la moustache ; le dessus du corps est grisâtre, le dessous noir.

Le blaireau habite les parties tempérées de l'Europe et de l'Asie ; c'est un animal défiant, solitaire, qui recherche les bois les plus déserts pour s'y creuser un terrier, d'où il ne sort que pour chercher sa nourriture. Le blaireau fait sa proie de lapins, de mulots, de serpents, d'œufs d'oiseaux, de miel, de fruits et de racines. Lorsqu'il est poursuivi, il se couche sur le dos et se défend avec ses ongles, dont les atteintes sont terribles.

LE RATON. (*Pl. 2, fig. 10.*) — Les ratons avaient été placés dans le genre ours par Linnée ; ces animaux ont pour caractères : les trois dernières dents molaires chargées de tubercules mousses, des pieds à cinq doigts armés d'ongles pointus, une queue très-velue. Les ratons sont de la taille d'un gros chat ; ils ne sont qu'à demi plantigrades, c'est-à-dire que, lorsqu'ils marchent, ils n'appuient pas toute la plante du pied sur la terre. Comme les ours, les ratons se nourrissent de substances animales et végétales ; ils sont timides et craintifs. Il y a deux espèces dans ce genre : le raton laveur, originaire de l'Amérique septentrionale, et le raton crabier, qui habite l'Amérique méridionale ; c'est ce dernier qui se trouve au n. 10, sur la planche deuxième ; il se nourrit de crabes et d'écrevisses ; son pelage est gris, sa queue est annelée de noir et de blanc.

Quatrième Leçon.

FAMILLE DES DIGITIGRADES ET FAMILLE DES AMPHIBIES.

Les digitigrades comprennent tous les animaux carnassiers qui ne posent leur corps que sur leurs doigts, qui sont très-courts, tandis que le poignet en avant, et le talon en arrière sont si longs, que le vulgaire les prend pour les jambes, parce que le bras et la cuisse, qui ont peu de longueur, se confondent dans l'épaule et dans la croupe. La famille des digitigrades est très-nombreuse en espèces ; on la divise en douze genres : 1° martre, 2° mouffette, 3° télagon, 4° loutre, 5° chien, 6° civette, 7° genumure, 8° mangue, 9° surikate, 10° protèle, 11° hyène, 12° chat.

LA FOUINE. (*Pl.* 2, *fig.* 11.) — La fouine, la martre, le putois, le furet, la belette, font partie du genre martre, que caractérisent un corps long et mince, trente-huit dents, des pieds pourvus de doigts séparés et armés d'ongles acérés, une queue de médiocre longueur, peu touffue.

Les martres, quoique de petite taille, sont au nombre des animaux les plus carnassiers, car elles détruisent une quantité prodigieuse d'oiseaux, de petits mammifères et de reptiles pour assouvir leur faim. Elles sont couvertes d'un pelage doux et fin dont on se sert pour faire des fourrures d'un prix très-élevé lorsqu'elles proviennent de certaines espèces telles que la martre zibeline, l'hermine, la martre du Canada. Le genre martre est divisé en trois sous-genres; 1° les martres proprement dites, comprenant cinq espèces ; 2° les putois, douze espèces ; 3° les zorilles, sept espèces.

La fouine fait partie du premier sous-genre ; c'est un animal d'un pied et demi de long, dont le pelage est brun sur le dos, blanc sous la gorge, noir aux pattes et à la queue. La fouine est répandue dans toute l'Europe; elle se tient à portée des habitations, où elle pénètre pendant la nuit pour y mettre à mort la volaille et les oiseaux. Sa retraite est un arbre creux, un trou de muraille, quelquefois même le foin des greniers. Sa fourrure est peu estimée.

LA MARTRE. (*Pl.* 2, *fig.* 12.) — Son pelage est brun lustré, avec une tache jaune sous la gorge ; l'extrémité du museau, de la queue et des membres est brun-foncé, le ventre tire sur le roux-clair. La taille de la martre égale celle de la fouine;

DIGITIGRADES.

mais les habitudes ne sont plus les mêmes ; la martre, qui vit au fond des forêts, ne s'attaque pas aux animaux domestiques ; elle détruit les lapins, les oiseaux au moment de la ponte, et, à leur défaut, se repaît de reptiles.

LE PUTOIS. (*Pl. 2, fig.* 13.) — Le putois a un peu plus d'un pied depuis le museau jusqu'à l'origine de la queue ; il est d'un brun noirâtre assez foncé sur les membres, mais plus clair et prenant une teinte fauve sur les flancs : le bout du museau est blanc, les oreilles et une tache placée derrière l'œil ont aussi la même couleur. Le putois habite les climats tempérés de l'Europe ; il y est commun. Son nom lui est venu de l'odeur infecte qu'il répand. Ses mœurs en hiver sont celles de la fouine ; en été il s'éloigne des lieux habités pour aller dans les bois et dans les moissons ravager les nids des cailles , des alouettes et des perdrix.

LE FURET. (*Pl. 2, fig.* 14.) — Le furet n'est peut-être qu'une variété du putois ; il est originaire du nord de l'Afrique ; son pelage est jaune, quelquefois brun. Naturellement le furet est l'ennemi acharné des lapins ; aussi , après l'avoir muselé , on l'introduit dans le terrier de ces animaux pour qu'il les en fasse sortir et les pousse dans des bourses tendues aux différentes issues par le chasseur. Le furet domestique ne doit jamais jouir de sa liberté , car il se jette alors sur les volailles et quelquefois même sur les enfants.

LA BELETTE. (*Pl. 2, fig.* 15.) — La belette a un demi-pied du bout du museau à l'origine de la queue, qui a deux pouces environ. Sa fourrure est brune en dessus, blanc-jaunâtre en dessous. La belette est commune en Europe et dans l'Asie tempérée. Elle ne quitte guère les bois placés à portée des lieux habités ; sa petite taille lui permet de s'introduire facilement par les plus petites ouvertures dans les colombiers et les poulaillers ; elle y étrangle les pigeons et les poulets pour se repaître de leur sang ; les coqs la repoussent à coup de bec. En hiver, elle cherche un abri contre les grands froids dans les granges et dans les greniers.

LE CHIEN DE BERGER. (*Pl. 3, fig.* 4.) — Le genre chien est, mes enfants, un des plus intéressants, à cause des espèces qu'il renferme dont plusieurs sont les ennemis de l'homme et les autres ses amis les plus fidèles. Vous êtes surpris de cette parole, les *ennemis de l'homme* , et cependant rien de plus vrai, vous en conviendrez comme moi, dès que je vous aurai dit que le loup et le renard aux mille ruses font partie du genre chien.

Les naturalistes assignent pour caractère au genre chien : cinq doigts aux pieds de devant, et quatre à ceux de derrière ; une langue douce, deux molaires tuberculeuses à chaque côté des mâchoires ; trente-huit dents.

Le genre chien se divise en deux sous-genres, les chiens proprement dits, et les renards. Le premier sous-genre comprend le loup, le chacal et les chiens domestiques. Les uns et les autres sont diurnes, ont des papilles rondes, une queue qui n'est jamais touffue. Les renards sont nocturnes, ont une papille verticale, une queue longue et touffue.

Tous les animaux du premier sous-genre, lorsqu'il jouissent de la liberté, ont les mêmes habitudes ; ils s'associent pour chasser leur proie, forment des meutes qui s'entendent parfaitement pendant l'attaque et se partagent la prise qui a été faite ; c'est ainsi que procèdent les loups, c'est ainsi qu'agissent les nombreuses hordes de chiens devenus libres dans les solitudes de l'Amérique ; c'est encore ainsi que se conduisent les chacals. Voilà pourquoi nos meutes de chasse ont tant d'accord entre elles lorsqu'elles poursuivent le cerf ou le sanglier : c'est un instinct naturel qui se réveille.

Comme on ne trouve nulle part, dans l'état de nature, le type de notre chien domestique, on pense que cet animal si utile et si fidèle provient du loup et du chacal, du chacal et du renard. Après les croisemens sans nombre qui se sont opérés depuis tant de siècles entre nos chiens, nous trouvons actuellement vingt-huit variétés différentes. 1° Les mâtins, comprenant : le chien de basse-cour, le danois, le lévrier, le chien australasien, le chien de l'Hymalaya et le chien de la Nouvelle-Irlande ; 2° les épagneuls, parmi lesquels on range : les épagneuls de chasse et ceux de petite taille ; le chien barbet, vulgairement caniche et griffon, le chien courant, le braque, le basset, le chien de berger, le chien loup, le chien de Sibérie, le chien de Terre-Neuve, le chien des Esquimaux, le chien Celco ; 3° les dogues, savoir : le boule-dogue, le dogue anglais, le doguin ou carlin, le chien d'Irlande, le petit danois, le roquet, le chien anglais, le chien d'Artois, le chien d'Alicante et le chien caraïbe.

Le chien de berger, employé à la garde des troupeaux, est noir, son poil est rude et frisé, ses oreilles sont ordinairement droites et pointues, sa queue est pendante.

LE DOGUE. (*Pl.* 3, *fig.* 5.) — Le dogue, chien molosse des anciens, est originaire de l'Epire ; on le reconnaît à sa haute taille, à la vigueur de ses membres, à la largeur de ses épaules et à son cou large et puissamment musclé ; le dogue a la tête grosse, courte, le museau noir, volumineux, peu étendu en longueur, le nez relevé, les lèvres pendantes ; sa queue est roulée en haut, son pelage est ras et jaune.

LE LOUP. (*Pl.* 3, *fig.* 6.) — Le loup est le plus grand des carnassiers de notre Europe ; cependant on ne peut lui assigner une taille déterminée, parce que les climats ont sur lui la plus grande influence : le froid surtout lui est favorable ; vers les pôles, le loup acquiert cinq pieds de longueur, tandis qu'en Espagne et en Italie sa taille dégénérée arrive à peine à trois pieds. Ordinairement le pelage du loup est gris-fauve, les jambes sont traversées par une ligne noire. Dans les contrées polaires, les loups, qui sont fauves en été, deviennent blancs pendant l'hiver. Dans les temps de disette, les loups s'attaquent mutuellement, et les plus faibles servent de pâture aux autres. Ces animaux s'organisent par meutes pour attaquer leur proie, et ils la chassent avec un ensemble remarquable ; lorsque l'expédition est terminée, ils se séparent. L'odorat des loups est si fin, qu'il dépiste le gibier à une distance de plus d'un quart de lieue. Pris jeune, le loup se familiarise comme le chien, et s'attache aussi vivement à son maître.

LE RENARD. (*Pl.* 3, *fig.* 7.) — Le renard est roux-blanchâtre ou blanc sous le ventre, roux légèrement mélangé de gris sur le dos, il a une queue longue, touffue, terminée par des poils blancs. La taille du renard est de deux pieds de l'extrémité du museau à l'origine de la queue. Cet animal est répandu en Europe, en Asie et dans le nord de l'Afrique, partout il possède la même réputation de ruse et d'habileté ; dans tous les siècles et dans tous les pays il a passé et passe pour être le symbole de la finesse : aussi a-t-il toujours été mis en scène par les fabulistes, et notre Lafontaine en particulier a été son Homère. Vous, mes bons amis, qui développez votre mémoire en apprenant les admirables fables de ce grand poète, vous n'avez pas oublié de quel horrible carnage l'Ajax des basses-cours ensanglanta une ferme :

> Les marques de la cruauté
> Parurent avec l'aube. On vit un étalage
> De corps sanglants et de carnage ;
> Peu s'en fallut que le soleil
> Ne rebroussât d'horreur dans son manoir liquide.
> Tel, et d'un spectacle pareil,

Apollon irrité contre le fier Atride,
Joncha son camp de morts.
Tel encore autour de sa tente,
Ajax à l'ame impatiente,
De moutons et de boucs fit un vaste débris,
Croyant tuer en eux son concurrent Ulysse.

(LAFONTAINE.)

Le renard habite des terriers qu'il se creuse sur la lisière des bois, à portée des villages. Il rôde la nuit pour saisir sa proie ; il écoute le chant du coq, s'approche des fermes, cherche une brèche ou quelque passage, il recourt même à la mine et creuse sous les clôtures pour s'ouvrir un accès ; s'il parvient à s'introduire, il met à mort tous les habitants du poulailler, et emporte les cadavres les uns après les autres ; il les cache pour les retrouver au besoin. Le renard fait encore une chasse très-active aux lapins, aux jeunes lièvres, aux rats, aux mulots, aux reptiles. Il épie les cailles et les perdrix pour les surprendre sur leurs nids ; il détruit les œufs des oiseaux qui nichent à terre. Le renard s'apprivoise facilement, il s'attache à son maître comme tous les autres chiens. Dans l'antiquité, les renards étaient domestiques à Sparte et dans la Laconie.

L'ISATIS. (*Pl.* 3, *fig.* 8.) — L'isatis, renard bleu des fourreurs, est indigène de tout le littoral de la mer glaciale. Ce renard a le poil très-doux et très-abondant ; sa robe est blanche, ou d'un gris ardoisé. L'isatis se creuse des terriers sur les hauteurs découvertes, il multiplie prodigieusement, et, comme il a bientôt dépeuplé de gibier tout un canton, il est obligé à de fréquentes émigrations ; il passe rarement plus d'une année dans le même endroit. L'isatis est le fléau de l'homme ; d'une familiarité insupportable, rien ne le rebute, les coups de fusils même ne peuvent l'éloigner ; sans cesse il rôde pour dérober tout ce qu'il peut atteindre, jusqu'aux vêtements et aux ustensiles domestiques. La fourrure de l'isatis est très-recherchée.

LA FENNEC. (*Pl.* 3, *fig.* 9.) — Le fennec ou renard mégalotis est remarquable par la longueur et la largeur de ses oreilles. Sa fourrure est d'un beau jaune isabelle relevé par une tache d'un fauve roux vif placée derrière chaque œil. Le fennec habite l'Abyssinie et l'Afrique centrale.

LA CIVETTE. (*Pl.* 3, *fig.* 1.) — Le genre civette renferme seize espèces, réparties en trois sous-genres : 1° les civettes ; 2° les genettes ; 3° les mangoustes. On assigne pour caractères au genre : des pieds à cinq doigts munis d'ongles à demi rétractiles, une langue hérissée de pointes aiguës, une poche placée sous la queue, renfermant une matière parfumée ; quarante dents.

On reconnaît le premier sous-genre à l'existence d'une poche profonde placée à la base de la queue ; cette poche est divisée en deux sacs que remplit une matière pâteuse, musquée, très-abondante. Ce sous-genre est formé de deux espèces, la civette et le zibet. La taille de la civette est de deux pieds trois pouces jusqu'à la queue. La civette a les oreilles courtes et arrondies, le poil rude ; celui du dos forme une crinière qui se redresse lorsque l'animal est irrité. La couleur du pelage est le gris varié de tâches et de bandes d'un brun foncé. Outre la poche au parfum, la civette a de chaque côté de l'ouverture de l'intestin un petit trou d'où suinte une liqueur noirâtre très-fétide. Les civettes habitent l'Abyssinie et l'Afrique centrale ; elles sont agiles et souples comme le chat ; elles chassent pendant la nuit ; leur proie consiste en oiseaux et petits mammifères. En Abyssinie les civettes sont domestiques ; tous les mois on vide leur poche avec une cuillère pour en retirer le parfum.

Les genettes ont la poche moins profonde que les civettes, le parfum ne s'y amasse pas.

L'ICHNEUMON. (*Pl.* 3, *fig.* 2.) — L'ichneumon fait partie du genre civette, et du sous-genre des mangoustes. Le caractère de ce sous-genre consiste dans l'existence d'une poche volumineuse, qui ne renferme pas de parfum, et dans des membranes qui unissent la base des doigts et rendent les pieds à demi palmés. L'ichneumon habite en Égypte les bords du Nil ; les services qu'il rend en détruisant les œufs des crocodiles, les rats et les reptiles, l'avaient fait placer dans l'antiquité au nombre des animaux sacrés. La taille de l'ichneumon est de dix pouces, son pelage est fauve-clair nuancé de marron, sa queue très-large à la base diminue jusqu'à la pointe.

LA MANGOUSTE DE L'INDE. (*Pl.* 3, *fig.* 3.) — Cette civette est de la taille de la fouine ; sa fourrure est composée de bandes transversales alternativement rousses et brun-marron foncé. La mangouste de l'Inde habite la presqu'île de l'Indoustan, et l'archipel Sounda.

L'HYÈNE. (*Pl.* 3, *fig.* 10.) — Les hyènes ont des pieds à quatre doigts, la langue rude, trente-quatre dents, les yeux saillans, les oreilles grandes, une poche sous la queue.

On a fait aux hyènes une réputation de férocité exagérée; ces animaux sont peu courageux, ils se repaissent de chair morte putréfiée : aussi leurs ongles sont organisés plutôt pour creuser la terre que pour saisir et déchirer une proie. La force des hyènes réside dans la mâchoire, le cou, et les épaules. Les hyènes sont nocturnes, elles pénètrent la nuit dans les cimetières, fouillent les tombeaux et se repaissent de cadavres. Dans les climats brûlants de l'Afrique elles rendent de grands services en débarrassant les rues des immondices qui les encombrent. Le genre hyène renferme quatre espèces : l'hyène rayée dont nous donnons la figure est grise, rayée irrégulièrement en travers de brun ou de noirâtre; une crinière s'étend le long du cou et du dos; ses membres postérieurs semblent plus courts que les antérieurs, non qu'ils le soient réellement, mais à cause de la demi-flexion continuelle de leurs articulations. L'hyène rayée s'apprivoise aisément. Cet animal combattit pour la première fois dans les jeux publics à Rome sous l'empereur Gordien Ier, vers 235 après Jésus-Christ. L'hyène habite depuis l'Inde jusqu'en Barbarie.

LE LION. (*Pl.* 3, *fig.* 11.) — Le lion, le tigre, le léopard, la panthère font partie du genre chat, celui de tous les genres qui renferme les carnassiers les plus redoutables et les plus vigoureux; on reconnaît les chats à leurs pieds qui ont cinq doigts aux membres de devant, et quatre à ceux de derrière, à leurs ongles puissants, aigus, tranchants et rétractiles, c'est-à-dire que l'animal peut à volonté mettre en évidence et alonger au moment où il attaque sa proie, et qu'il relève ensuite et cache au milieu des poils qui revêtent ses doigts. On reconnaît encore les chats à leur tête ronde, à leurs mâchoires courtes, à leurs trente dents, dont quatre énormes conoïdes, enfin à leur langue hérissée de pointes cornées. Tous les chats ont une souplesse et une force très-considérable; ils passent pour féroces, parce que leur intestin étant étroit et court, le sentiment de la faim se fait souvent sentir chez eux, et qu'ils éprouvent un besoin irrésistible de la satisfaire; mais là se borne toute leur férocité, car les chats, quels qu'ils soient, lorsqu'on ne leur laisse pas éprouver les atteintes de la faim, deviennent doux, familiers, sensibles aux caresses.

Le lion est le plus grand des chats, et celui dont la physionomie a le plus de majesté : c'est ce qui lui a valu le titre poétique de roi des animaux. La taille et la couleur du lion varient selon les contrées où il a pris naissance. Le lion de l'Atlas et du Sahara, en Afrique, est le plus grand ; il a cinq pieds et demi de longueur ; son pelage est fauve, fortement mélangé de brun. Le lion du Sénégal est jaune ; sa crinière est peu fournie ; le lion de Perse est jaune Isabelle ; celui du cap de Bonne-Espérance est fauve ou brun. Le petit lion crépu du sud de l'Europe, décrit par Aristote, et sculpté par les artistes grecs, n'existe plus aujourd'hui. Le lion mâle est toujours plus brun que la lionne ; il a la tête, le cou et les épaules plus volumineux ; ces parties sont ornées d'une longue et belle crinière qui n'existe pas chez la femelle. L'espèce du lion était multipliée plus dans l'antiquité qu'elle ne l'est aujourd'hui ; les Romains en ont détruit d'immenses quantités dans leurs jeux du cirque ; Pompée en fit combattre jusqu'à six cents à la fois. Les lions habitent les taillis qui environnent les sources ; ils s'y cachent pour saisir les animaux au moment où ils viennent se désaltérer. Le lion redoute l'homme ; il est rare qu'il l'attaque le premier ; il fuit devant les chasseurs jusqu'à ce qu'il voie que le combat est inévitable ; alors il devient furieux et terrible. Tout ce que l'on a dit, du reste, de la prétendue magnanimité du lion est imaginaire.

LE TIGRE. (*Pl.* 3, *fig.* 12.) — On n'a pas avancé moins d'opinions erronées sur le tigre que sur le lion : ainsi on a prétendu que le tigre se plaisait au milieu du sang et des chairs palpitantes, qu'il massacrait sans y être poussé par la faim, uniquement pour satisfaire une prétendue volupté qu'il éprouverait à voir couler le sang et à en respirer l'odeur : aussi le tigre est-il devenu le symbole du tyran et de la cruauté. Rien de moins exact que ces assertions : le tigre n'immole que pour se repaître ; le besoin qu'il éprouve de détruire cesse avec la satisfaction de son appétit. Un tigre convenablement nourri devient aussi doux et aussi caressant que les chats domestiques. L'insensé Héliogabale, qui régnait sur le monde romain de 218 à 222, se plaisait à parcourir les rues de Rome, orné des attributs de Bacchus, sur un char traîné par deux tigres. Ce carnassier parut pour la première fois à Rome, dans les jeux célébrés par Auguste : comme il était rare, les Romains l'apprivoisèrent et lui faisaient courre le cerf dans l'arène.

Le tigre égale le lion en longueur, mais il est plus svelte et plus élancé ; sa démarche a plus de légèreté et de grace que de majesté. La robe du tigre est d'un fauve vif rayé de noir sur le dos et les flancs, blanche et rayée de même sous le ventre ; sa queue est annelée de fauve et de noir. Le tigre se trouve en Asie depuis les rives de l'Indus jusqu'aux limites les plus septentrionales de la Chine ; il se tient dans les lieux humides au milieu des taillis et des hautes herbes. Il est plus timide encore que le lion en présence de l'homme, quoique sa chasse soit dangereuse en raison de la furie où le jettent ses blessures.

LE LÉOPARD. (*Pl.* 3, *fig.* 13.) — La peau du léopard et d'un beau fauve, semée de taches plus petites et plus rondes que celles de la panthère. Le dernier tiers de la queue est noir en dessus et sur les côtés, avec cinq ou six anneaux blancs. La taille du léopard est de trois pieds. Ce chat habite l'archipel Sonuda; il en existe une variété noire.

LA PANTHÈRE. (*Pl.* 3, *fig.* 14.) — La panthère est le tigre d'Afrique des voyageurs; son pelage est fauve, marqué de taches rondes plus brunes que le fond, très-rapprochées les unes des autres, d'un diamètre de quatorze lignes. La panthère est longue de trois pieds de la tête à la queue; cette dernière partie a deux pieds six pouces de longueur et traîne à terre. La panthère ne se trouve plus qu'en Perse, en Arabie et en Afrique; elle était commune autrefois en Asie-Mineure, puisque Cicéron, l'illustre orateur romain, en envoya de Cilicie plusieurs centaines à son ami Calius, qui faisait représenter des jeux à Rome.

L'Amérique renferme des chats qui lui sont particuliers; quelques uns, comme le jaguar, le conguar ou puma, égalent presque le tigre par la taille. Il n'y a pas de lions en Amérique : c'est le conguar qui a été confondu avec cet animal.

LE CHAT. (*Pl.* 3, *fig.* 15.) — Le chat est commun dans toutes les forêts de l'Europe. Son pelage est gris-brun, rayé de bandes noires sur le dos et les flancs, gris-jaune pâle en dessous; la queue du chat est annelée et ordinairement terminée par une pointe noire. Le chat, qui vit à l'état sauvage dans nos bois, est devenu domestique, et rend de grands services dans nos demeures, qu'il purge des souris et des rats, si incommodes et si destructeurs. Le chat, en raison de son air doux, de sa démarche oblique, de ses trahisons, est devenu le symbole de l'hypocrisie : c'est, après le renard, le personnage le plus important de la fable; il y joue un des principaux rôles, et notre ami Lafontaine le met souvent en scène. Tantôt il raconte les ruses :

> D'un second Rodilard, l'Alexandre des chats,
> L'Attila, le fléau des rats.

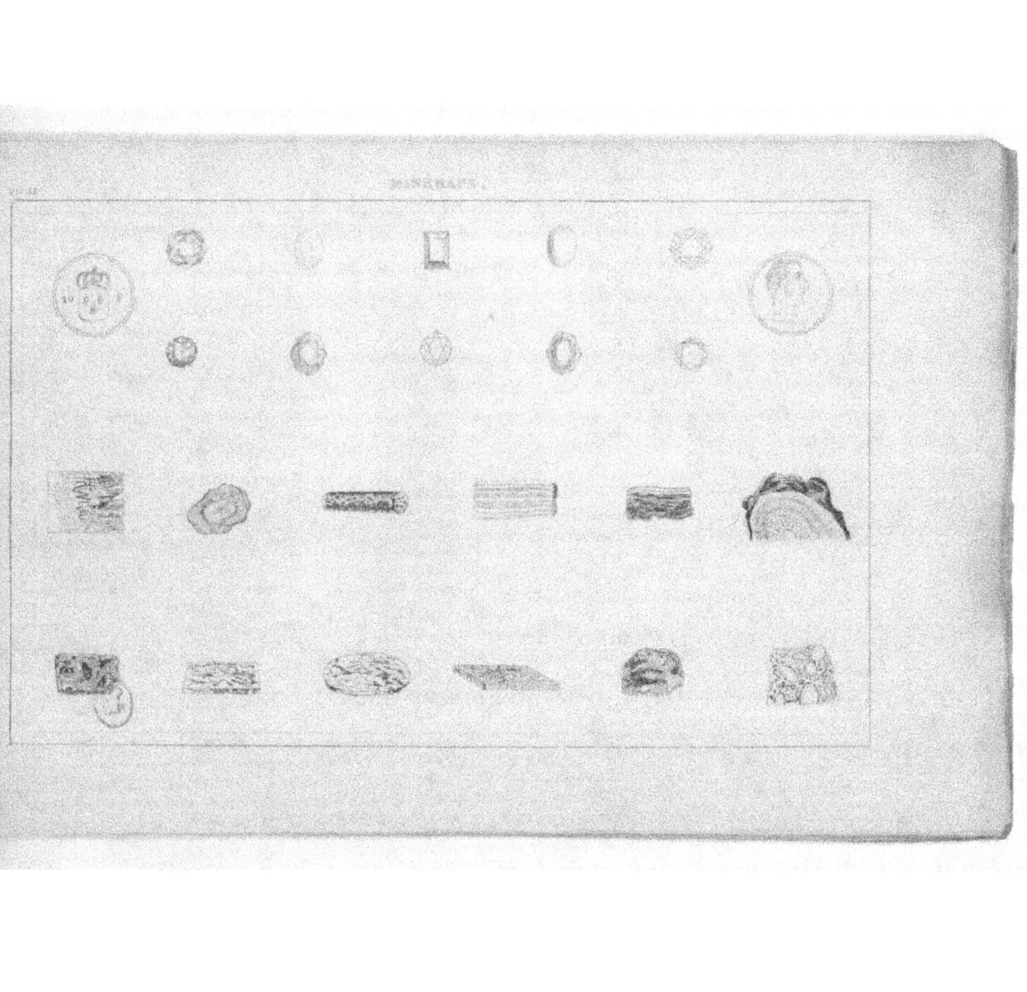

tantôt il décrit les fourberies de maître Rominagrobis, ou il nous fait rire en nous montrant Raton, le fourbe renforcé, dupé par son confrère Bertrand, malin singe qui a l'adresse d'exploiter l'hypocrite à son profit.

Parmi les nombreuses variétés du chat domestique, la plus belle et la plus recherchée est celle du chat angora, qui pourrait bien provenir du chat manul, espèce sauvage de l'Asie orientale.

Les lynx sont des chats qui ont les oreilles terminées par des pinceaux de poils ; quelques lynx sont d'une grande taille.

LE MORSE. (*Pl.* 4, *fig.* 1.) — Le morse, les phoques, le lion et l'éléphant marins appartiennent à la famille des amphibies, la cinquième et dernière de l'ordre des carnassiers. On a nommé amphibies, d'un mot grec qui signifie double existence, des mammifères carnassiers que leurs organes de locomotion rendent habitants des rivages et des eaux. Les amphibies ont les pieds courts et palmés ; ils ne peuvent s'en servir qu'avec peine pour se traîner sur le rivage, mais, dans l'eau, ces membres deviennent des rames agiles. Les amphibies passent la plus grande partie de leur existence dans la mer ; ils ne viennent à terre que pour s'y réchauffer au soleil et pour y allaiter leurs petits. Leur nourriture consiste en poissons, en coquillages et en mollusques.

La morse a onze pieds de longueur ; son pelage est court, peu fourni et de couleur roussâtre ; la lèvre supérieure de cet animal est grosse, garnie de fortes moustaches aplaties. Les deux dents conoïdes de la mâchoire supérieure, qui sont énormes et longues de deux pieds, descendent en se recourbant inférieurement. Le morse vit en grandes troupes sur les rivages de l'océan Atlantique austral et de l'océan Pacifique. On pêche cet animal pour en retirer l'huile abondante contenue dans sa graisse.

LE PHOQUE. (*Pl.* 4, *fig.* 2 et 3.) — Le genre phoque est composé de dix-huit espèces. Le phoque commun, ou veau marin, habite les côtes de l'Europe ; il est surtout multiplié dans le nord. Sa taille est de trois à cinq pieds de longueur ; son pelage est d'un gris jaunâtre plus ou moins nuancé de gris noir. Les phoques sont l'objet d'une pêche importante, parce qu'on retire de leur graisse une grande quantité d'huile. C'est surtout aux espèces nombreuses des mers antarctiques que l'on fait une guerre impitoyable,

3

L'ÉLÉPHANT MARIN. (*Pl.* 4, *fig.* 5.) — Le phoque à trompe, ou éléphant de mer, est une des espèces les plus recherchées par les bâtiments armés pour la pêche dans les mers australes. Ce phoque a trente pieds de longueur sur dix-huit de circonférence : son pelage est grisâtre. Ce qui caractérise cet amphibie et lui a valu le nom d'éléphant de mer, c'est son nez qui, au mois d'octobre, s'alonge chez le mâle et forme une trompe molle, élastique, longue d'un pied. Le nez des femelles ne subit pas cette singulière extension ; l'intérieur de cette trompe est rempli de sang. Sous la peau de ce phoque est une couche d'huile, presque liquide, de neuf pouces d'épaisseur. L'éléphant marin vit par troupes de cent cinquante à deux cents individus : il habite les côtes de la Nouvelle-Géorgie, de la terre de Kerguelen, de la terre des États des îles Malouines, Juan-Fernandez, et de l'archipel de Chiloé.

LE LION MARIN (*Pl.* 4, *fig.* 4.) — Cet amphibie fait partie du genre otarie qui diffère des phoques par l'existence d'une oreille extérieure. L'otarie lion marin atteint une taille de vingt pieds de circonférence ; son cou est orné d'une crinière qui recouvre les épaules, de là le nom de lion marin qu'on lui a donné. Le lion marin est timide ; on le pêche pour son huile et son cuir estimé pour la sellerie ; il habite l'océan Pacifique.

— ❦ —

Cinquième Leçon.

ORDRE DES MARSUPIAUX ET ORDRE DES RONGEURS.

LA SARIGUE, LE KANGAROU, LE PHASCOLOME, ETC. — L'ÉCUREUIL, LE PALMISTE, LE RAT, LE LOIR, LE CASTOR, ETC.

Notre dernière leçon, mes enfants, a été un peu longue, mais elle m'a paru vous intéresser ; nous avions à traiter d'animaux célèbres pour la plupart, tant à cause de la réputation de férocité qu'on leur a faite, qu'à cause des récits tragiques, bien qu'exagérés, racontés par un grand nombre de voyageurs, récits où ces animaux remplissent un rôle terrible.

J'espère avoir détruit en vous plusieurs préjugés, et qu'à l'avenir vous apprécierez à leur juste valeur toutes les histoires de bêtes féroces qui seraient entachées d'exagération. Ces contes ne servent qu'à imprimer dans l'âme une terreur puérile, à paralyser le sang-froid et le courage dans un moment de danger. Sachez donc que les animaux les plus redoutables frémissent devant le regard ferme et dominateur de l'homme. De simples enfants ne craignent pas d'affronter le jaguar dans les solitudes de l'Amérique méridionale ; l'Arabe de l'Atlas ne fuit pas devant le lion.

Aujourd'hui nous nous entretiendrons d'espèces faibles et peu dangereuses, mais singulières par leur organisation : je veux parler des marsupiaux.

Les marsupiaux ont cela de remarquable qu'ils naissent imparfaits, en quelque sorte ébauchés, et qu'en recevant le jour ils passent dans une poche que forme la peau sous le ventre de leurs mères ; de là de nom de marsupiaux, du latin *marsupium*, une poche. Dans cette retraite qui est un berceau naturel, une sorte de nid chaud et mollement fourré, les jeunes animaux s'attachent aux mamelles de leurs mères, se développent, grandissent, y séjournent jusqu'à ce qu'ils soient assez forts pour essayer leurs membres en plein air, et long-temps encore après qu'ils sont en état de marcher et de folâtrer ils trouvent là un asile dès qu'un danger les menace. Vous connaissez tous la jolie fable de Florian : l'Enfant et la Sarigue, elle vous instruit des habitudes de ces singuliers animaux.

LA SARIGUE OPOSSUM. (*Pl.* 4, *fig.* 6.) — Les sarigues ont une tête pointue, la gueule très-fendue et armée de cinquante dents, la queue nue, écailleuse et prenante ; leurs pieds de derrière sont conformés comme ceux du singe, si ce n'est que les doigts ont des ongles crochus, capables de creuser la terre. Les sarigues sont nocturnes ; elles grimpent sur les arbres pour y saisir les oiseaux endormis et les insectes ; à défaut de chair, elles se contentent de fruits ; pendant le jour les sarigues se retirent dans des terriers. On trouve ces animaux en Amérique, depuis le fleuve de la Plata jusqu'en Virginie. L'opossum a un pied de longueur ; son pelage est gris-brun.

LE KANGAROU (*Pl.* 4, *fig.* 7.) — Les animaux du genre kangarou ont la tête alongée, les oreilles très-grandes, la lèvre supérieure fendue, de courtes moustaches, les membres antérieurs très-courts, les postérieurs longs, la queue longue, triangulaire, très-musclée ; les femelles ont comme les sarigues une poche sous le ventre. Les pieds des kangarous n'ont que quatre doigts, mais le second est d'une dimension telle, qu'il est six fois plus long que le doigt de la main corres-pondante. Ce doigt gigantesque se termine par un ongle semblable au sabot d'un ruminant ; les deux derniers doigts du pied sont nus jusqu'aux ongles. La queue forme chez ces animaux comme un troisième membre inférieur sur lequel le corps s'appuie pendant la station et pendant la marche, qui consiste en une suite de bonds plus ou moins considérables. Les kangarous habitent la Nouvelle-Hollande et les îles voisines ; ils vivent dans les bois par petites troupes, se tiennent presque constamment debout, et peuvent franchir aisément, d'un seul bond, une distance de trente pieds. Leur arme défensive est l'ongle terrible de leur énorme doigt. Parmi les douze espèces de kangarous, nous donnerons la figure du kan-garou brun. Sa taille s'élève à six pieds, son pelage est brun enfumé.

LE DASYURE VIVERRIN. (*Pl.* 4, *fig.* 8.) — Les dasyures ressemblent aux sarigues par leur tête conique et très-poin-tue, leur gueule très-fendue ; ils en diffèrent par le nombre de leurs dents (42), par les simples replis qui entourent leurs mamelles et tiennent lieu de la poche profonde des sarigues, enfin par leur queue velue et l'absence de pouces aux pieds de derrière. Les dasyures sont nocturnes, ils se cachent pendant le jour dans des creux de rochers, la nuit ils poursui-vent les petits animaux, ils surprennent les oiseaux dans leur sommeil et ravagent les basses-cours. Le dasyure viverrin est long d'un pied ; son pelage est noir marqué de blanc ; il habite la Nouvelle-Hollande.

LE KOALA. (*Pl.* 4, *fig.* 9.) — Les koalas ont environ deux pieds et demi de longueur sur un pied trois pouces de hauteur ; leurs longs poils bruns leur donnent l'aspect d'un petit ours. Ces animaux montent aux arbres avec facilité ; ils y passent une partie de la journée ; la nuit ils se retirent dans des terriers. La mère porte long-temps son petit sur le dos. Le koala habite les îles voisines de la Nouvelle-Hollande.

LE PÉRAMÈLE-NEZ-POINTU. (*Pl.* 4, *fig.* 10.) — Les péramèles rappellent les sarigues au premier aspect, cependant ils s'en éloignent par la longueur de leurs membres postérieurs et le nombre des dents ; ils en ont 48. Ces animaux cou-rent en sautant ; ils se creusent des terriers avec autant de rapidité que la taupe ; leur nourriture consiste en chair d'a-nimaux morts, en insectes et reptiles. Le péramèle-nez-pointu est long d'un pied quatre pouces ; son nez dépasse la mâchoire supérieure ; il a le pelage brun-clair en dessus, blanc en dessous ; il habite la Nouvelle-Hollande.

ORDRE DES RONGEURS.

Les rongeurs sont des mammifères de petite taille, qui ont les membres postérieurs plus longs que les antérieurs, et qui doivent leur nom à l'habitude qu'ils ont d'user ou de ronger les substances dont ils se nourrissent ; la plupart d'entre eux sont omnivores. Les dents des rongeurs ont une disposition toute particulière et admirablement appropriée à l'usage que ces dents doivent remplir. La mâchoire supérieure et l'inférieure sont garnies en avant, chacune de deux dents incisives longues, fortes, taillées en biseau comme un ciseau de menuisier, qui se croisent de manière à limer les objets placés devant la bouche ; ces dents n'ont d'émail qu'en avant, de manière qu'elles ne s'usent qu'en arrière et conservent toujours leur tranchant, et comme elles possèdent l'heureuse propriété de croître à mesure qu'elles s'usent, la bouche se trouve toujours convenablement armée. L'ordre des rongeurs se partage en deux subdivisions : 1° les rongeurs pourvus de l'os appelé la clavicule ; 2° les rongeurs qui sont privés de cet os. La première division renferme six familles : 1° les sciurins ; 2° les arctomydes ou marmottes ; 3° les alacodées ; 4° les rats-taupes ; 5° les murins ; 6° les nageurs. La seconde division a trois familles : 1° les épineux ; 2° les léporins ; 3° les dasypoïdes.

L'ÉCUREUIL COMMUN. (*Pl.* 4, *fig.* 11.) — Les écureuils sont des animaux agiles, gracieux, dont la robe est toujours brillante et lustrée, qui vivent sur les arbres des forêts. Ils se nourrissent de fruits qu'ils portent à la bouche avec leurs pattes antérieures disposées comme de petites mains. L'œil de ces jolis animaux est très-grand et plein de vivacité ; l'oreille est droite, terminée par un petit pinceau de poils. Les écureuils se construisent, avec des fragments de bois, des nids sphériques ouverts par en haut. L'écureuil commun est répandu dans toute l'Europe et en Asie ; son pelage, d'un roux-vif sur le dos et les membres, est d'un beau blanc sous le ventre. En hiver, dans les contrées septentrionales, ce pelage change de nuance et devient d'un beau gris d'ardoise ; on le connaît alors sous le nom de petit-gris. La taille de l'écureuil commun est de sept à huit pouces.

LE PALMISTE. (*Pl.* 4, *fig.* 12.) — Le palmiste est un petit écureuil du Sénégal qui fait sa demeure sur la cime des palmiers et des gommiers : son pelage brun, mêlé de roux, est rayé de bandes blanches ou blanchâtres sur le dos.

L'ÉCUREUIL VOLANT. (*Pl.* 4, *fig.* 13.) — Le taguan ou écureuil volant appartient au genre ptéromys, qui diffère des écureuils par un large repli de la peau, semblable à la membrane des galéopithèques, s'étendant des membres antérieurs aux membres postérieurs, et formant une sorte de parachute velu qui soutient l'animal pendant qu'il s'élance de la cime à la base des arbres. L'écureuil volant est nocturne; sa taille est d'un pied et demi sans y comprendre la queue longue de neuf pouces; son pelage est marron-vif en dessus, rouge en dessous. Le taguan vit sur les arbres dans les archipels des Moluques et des îles Philippines.

LE RAT. (*Pl.* 4, *fig.* 14.) — Le genre rat fait partie de la famille des murins; il est très-nombreux en espèces; il a pour caractères : des dents molaires tuberculeuses, quatre doigts et un vestige de pouce aux pieds antérieurs, cinq doigts aux pieds de derrière, une queue longue, presque nue, écailleuse; seize dents.

Le rat, si incommode aujourd'hui en Europe, était inconnu aux anciens; cet habitant désagréable de nos demeures est originaire d'Amérique; il s'est introduit dans notre hémisphère par le moyen des navires. Le rat produit prodigieusement; heureusement que son espèce se limite d'elle-même ; car, dans les temps de disette, les plus faibles servent de pâture aux autres. Dans sa jeunesse, le rat est noir; il devient gris en vieillissant; on voit quelques individus blancs; lorsqu'il est dans des conditions favorables, le rat acquiert un pied et même plus de longueur ; on en a vu qui pesaient dix livres. Le *mus* des latins est la souris.

LE LOIR. (*Pl.* 4, *fig.* 15.) — Les loirs ont des dents molaires creusées de lignes transversales, quatre doigts et un vestige de pouce aux pieds de devant; leur poil est doux, très-fin, leur queue est longue, touffue chez quelques espèces. Ces animaux de la famille des murins sont nocturnes; certaines espèces habitent dans les bois, et font leur demeure dans le creux des arbres; d'autres, comme le lérot, se tiennent dans les jardins, où ils ravagent les fruits; ils nichent dans les trous de murailles, dans les vieux lierres ou dans les greniers. Outre les fruits, les graines, les racines dont ils se nourrissent, ils dévorent encore les œufs et les jeunes oiseaux. À l'approche de l'hiver, les loirs amassent dans leurs retraites une petite provision de noisette, de glands, de châtaignes, de faînes, et lorsque la température arrive à sept degrés au dessous de zéro, ils s'engourdissent; cependant ils sortent de leur léthargie à plusieurs reprises, et consomment leurs provisions.

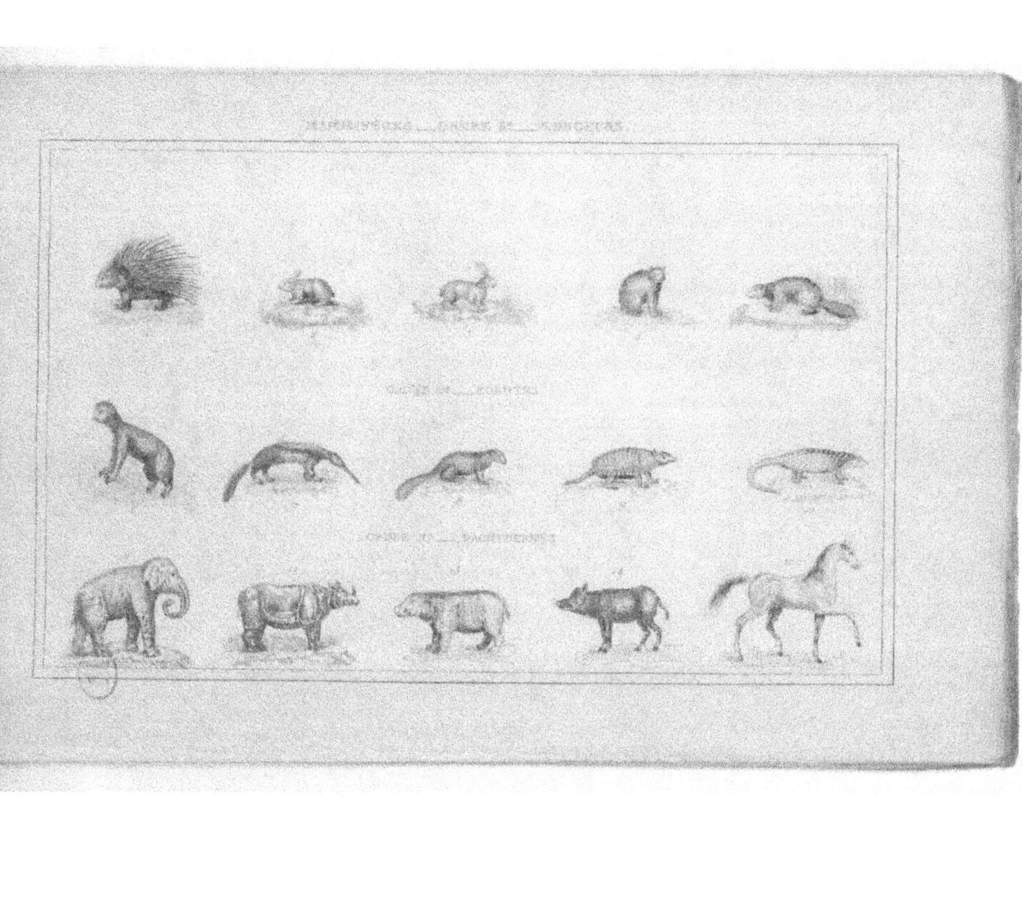

Le loir commun est long de six pouces depuis le museau jusqu'à l'origine de la queue. Il est gris-cendré en dessus, blanc-roussâtre en dessous; il habite les forêts de l'Europe tempérée et de l'Europe méridionale.

LA MARMOTTE DES ALPES. (*Pl.* 5, *fig.* 4.)— Le genre marmotte est le principal de la famille des arctomydes; ses caractères sont : un corps trapu, des jambes et une queue courtes, des ongles robustes et comprimés, vingt-deux dents.

Les marmottes sont les seules parmi les rongeurs qui aient les membres postérieurs de la même longueur que les membres antérieurs, encore paraissent-ils plus courts, à la première vue, à cause de leur demi-flexion habituelle. La marmotte des Alpes a plus d'un pied du bout du museau à l'origine de la queue; elle est d'un gris foncé, ses pieds sont blanchâtres, le tour du museau est d'un blanc grisâtre et les parties inférieures d'un roux clair. La marmotte habite toutes les hautes montagnes de l'Europe; elle creuse son habitation sur les pentes bien exposées. Chaque terrier sert en commun à plusieurs de ces animaux ; on y voit deux galeries, une qui sert d'issue, l'autre inclinée, où l'on dépose les ordures de l'habitation. Les marmottes vivent en communauté et s'entr'aident parfaitement ; elles ne sortent jamais pour paître ou pour jouer sur le gazon sans placer une sentinelle, sur un lieu élevé, pour veiller à la sûreté générale. Comme les marmottes récoltent du foin pour les mauvais jours, elles s'entendent admirablement pour moissonner ; en quelques instants l'herbe est coupée avec les dents; elles l'étendent, la retournent au soleil, et lorsqu'elle est sèche, les unes se placent sur le dos les pattes étendues vers le ciel, on les charge de foin comme des chariots, puis d'autres les tirent par la queue jusqu'au magasin.

LE CASTOR. (*Pl.* 5, *fig.* 5.) — Le castor fait partie de la famille des nageurs avec les genres hydromys, potamys, ondatra, qui tous ont les pieds palmés. Le caractère distinctif des castors est : une queue large, plate, ovale, épaisse, couverte d'écailles. On trouve des castors dans le nord de l'Europe, de l'Asie et de l'Amérique. La taille du castor est de trois pieds et demi à quatre pieds; son pelage est d'un beau roux-vif uniforme ou d'un jaune-paille; dans le nord de l'Amérique on voit des castors noirs et d'autres blancs. Le castor de France est absolument semblable à celui de l'Amérique; on ne le trouve plus aujourd'hui que dans le Dauphiné ; autrefois il était répandu dans toutes les Gaules, et surtout sur la rivière de Bièvre qui lui doit son nom; *biber* ou *bièvre* signifie castor en langue celtique.

Dans les solitudes de l'Amérique du nord, le castor se livre à tout son instinct de construction. Pour bâtir, il s'unit en société ; la troupe choisit un emplacement convenable, le bord d'un étang ou d'un lac. Si elle ne trouve pas de pièce d'eau, elle s'arrête sur le cours d'un ruisseau, coupe les arbres de la rive, les fait tomber en travers du courant, s'en sert pour établir une digue construite en branchages unis par une maçonnerie d'argile, et se procure ainsi un petit lac artificiel sur lequel s'élève bientôt une bourgade. Les maisons du castor sont hautes de six à huit pieds ; elles ont un rez de chaussée et un premier étage ; un dôme formé de paille, de joncs et d'herbes pétries dans de la glaise les recouvre ; des gradins intérieurs permettent de passer du rez de chaussée à l'étage d'en haut. Les castors se nourrissent d'écorces, de bois tendre et de racines de plantes aquatiques.

Le petit nombre de ces animaux que l'on rencontre rarement en Dauphiné ne bâtit pas, mais se creuse des terriers prodigieusement étendus.

LE PORC-ÉPIC. (*Pl.* 5, *fig.* 1.) — Le porc-épic fait partie des épineux ou rongeurs qui ont le corps couvert de piquants et la langue couverte d'écailles épineuses. Cet animal a deux pieds de longueur et un pied de hauteur. Les piquants qui couvrent la partie supérieure de son corps sont nuancés de noir et de blanc ; ils sont pointus, épais et très-longs, principalement sur le dos ; on en voit qui ont jusqu'à un pied de long et quelquefois même davantage ; ils forment une huppe sur le sommet de la tête. Le porc-épic est répandu dans le sud de l'Italie, en Grèce, en Espagne, en Asie-Mineure, en Perse et en Afrique. Il se nourrit de graines, de racines, de bourgeons et de fruits sauvages ; il se retire dans des terriers à plusieurs issues qu'il se creuse loin des lieux habités. Le porc-épic est nocturne ; il s'engourdit pendant l'hiver.

LE LAPIN. (*Pl.* 5, *fig.* 3.) — Le genre lièvre, dont le lapin est une des espèces, est rangé dans la famille de léporins, dont voici les caractères : cinq doigts aux pieds de devant, quatre à ceux de derrière, six dents incisives pendant le jeune âge, seulement à la mâchoire supérieure. Le lapin est originaire du nord de l'Afrique et de l'Espagne ; il est actuellement répandu dans toute l'Europe, soit à l'état sauvage, soit comme animal domestique. Le lapin sauvage est roux-grisâtre ; le lapin domestique a une multitude de variétés qui ne diffèrent que par les nuances et la longueur du pelage. Le lapin vit en famille dans des terriers ; il multiplie prodigieusement. Le lièvre est du même genre que le lapin ; il habite les plaines et les prairies, ne creuse pas de terrier, fuit rapidement et emploie des ruses variées pour échapper aux chiens et aux chasseurs. Le lièvre est roux, varié de gris, ses oreilles sont très-mobiles et plus longues que sa tête.

Sixième Leçon.

LES ÉDENTÉS ET LES PACHYDERMES.

LE BRADYPE, LE FOURMILIER, LE TAMANDUA, LE TATOU, LE PANGOLIN. — L'ÉLÉPHANT, LE RHINOCÉROS, L'HIPPOPOTAME, LE SANGLIER, LE CHEVAL.

Mes amis, le sixième ordre des mammifères est celui des édentés : il se compose d'animaux dont les uns n'ont pas de dents incisives, d'autres n'ont que des dents molaires, et quelques genres sont entièrement privés de toute espèce de dents. Cet ordre est subdivisé en trois familles : 1° les tardigrades, comprenant les genres bradype, aï et mégalonix ; 2° les longirostres, dont les genres sont : les tatous, les chlamyphores, le priodonte, les tatusies, l'oryctérope, les fourmiliers et les pangolins ; 3° la famille des monotrèmes, composée de l'ornithorinque et de l'échidné.

LE BRADYPE UNAU. (*Pl. 5, fig. 6.*) — Les bradypes sont des animaux dont les mouvements sont assez lents, mais non pas autant qu'on le croit généralement, d'après ce qu'en a dit Buffon, qui n'avait pu les étudier dans leur état de nature. Ainsi, une demi-heure et non pas une journée leur suffit pour monter sur l'arbre le plus élevé et en descendre. Les bradypes ne sont à l'aise que sur les branches des grands végétaux ; à terre, leur démarche est embarrassée. Ces animaux vivent de feuilles et de tiges de plantes herbacées. Le bradype a la face oblique ; sa tête est placée de manière à ce que la bouche est tournée en haut lorsqu'il se tient debout ; les membres antérieurs sont longs ; sa main n'a que deux doigts apparents terminés par deux longs ongles contournés en crochet. Le corps du bradype est couvert de poils longs, sec, et bruns-grisâtres. L'unau est originaire de l'Amérique méridionale.

LE FOURMILIER. (*Pl.* 5, *fig.* 8.) — Le fourmilier tamandua et le fourmilier tamanoir font partie du même genre et sont rangés dans la famille des longirostres ou édentés dont la mâchoire est très-alongée. Les caractères du genre fourmilier sont : une mâchoire supérieure très-longue, tandis que l'inférieure n'est que rudimentaire, une langue très-extensible, quatre doigts devant et cinq derrière. Ce qui, au premier aspect, fait reconnaître les fourmiliers, c'est la forme de leur tête longue et mince, qui a plus du tiers de la longueur du corps. La bouche ne s'ouvre pas, les lèvres n'ont qu'une étroite ouverture qui donne issue à une langue susceptible de s'alonger au point d'acquérir trois fois la longueur de la tête ; cette langue est couverte d'une sorte de glu. Comme les fourmiliers ne se nourrissent que de fourmis, qui construisent en Amérique des édifices de terre fort élevés, ils bouleversent avec leurs puissants ongles ces demeures qu'ils entourent ensuite de plusieurs cercles de leur langue ; les fourmis furieuses se précipitent dessus, s'embarrassent dans la glu et sont avalées en grand nombre.

Le fourmilier tamanoir est long de quatre pieds, sa hauteur est de trois pieds trois pouces, son pelage est brun, traversé par une ligne oblique noire, bordée de blanc sur chaque épaule.

LE TAMANDUA. (*Pl.* 5, *fig.* 7.) — Le tamandua est de moitié moins grand que le tamanoir ; son pelage est gris et a une bande oblique noire ou brune sur les épaules. Cette espèce monte aux arbres et s'y accroche avec sa queue qui est prenante.

LE TATOU. (*Pl.* 5, *fig.* 9.) — Le tatou ou encoubert a la tête large, aplatie, triangulaire, la queue ronde, le corps couvert d'un test dur, écailleux, formé de pièces carrées, semblables à de petits pavés, divisé en trois parties, un bouclier arrondi sur les épaules, un semblable sur la croupe, et entre eux une cuirasse composée de six ou de sept bandes mobiles. Cet animal se creuse des terriers sous terre ; il se nourrit de chair morte ; on le trouve au Paraguay.

LE PANGOLIN. (*Pl.* 5, *fig.* 10.) — On connaît trois espèces de pangolins ; ces animaux vivent à la manière des fourmiliers, et se nourrissent de fourmis et d'insectes ; ils recherchent aussi les petits lézards. Les pangolins sont doux, leur démarche est lente ; comme ils sont couverts d'écailles, lorsqu'ils sont effrayés ils se roulent en boule de manière à être efficacement protégés par leur armure. Au premier aspect on prendrait ces édentés pour des lézards. Le pangolin de l'Inde a deux pieds trois pouces de longueur sans y comprendre la queue, qui est d'un pied et demi. Le dessus de son corps est couvert de onze rangées d'écailles; le ventre et le dessous des membres sont nus. Ce pangolin, dont nous donnons la figure, habite l'Inde, les îles de Formose et de Ceylan.

La dernière famille des édentés est celle des monotrèmes, composée des genres échidné et ornithorynque, animaux singuliers de la Nouvelle-Hollande, dont l'organisation est encore un problème pour les naturalistes, puisque, suivant les uns, ils sont ovipares, et que d'autres les croient vivipares comme les autres mammifères. L'échidné a le corps hérissé d'épines plates et tranchantes; l'ornithorynque joint au corps d'une loutre les pieds et le bec d'un canard.

L'ÉLÉPHANT. (*Pl.* 5, *fig.* 11.) — L'ordre septième de la classification de Cuvier est celui des pachydermes dont je vais actuellement vous entretenir; le principal caractère des animaux de cet ordre est d'avoir la peau très-épaisse, nue chez les uns, couverte de poils chez les autres. Les pachydermes sont subdivisés en trois familles : 1° les proboscidiens ou pachydermes à trompe; 2° les pachydermes à cuir très-épais; 3° les solipèdes.

Les proboscidiens ont le nez alongé, formant à la fois l'organe de l'odorat, celui du toucher, et une sorte de main. Le genre principal de cette famille est celui de l'éléphant.

L'Asie et l'Afrique ont chacune leur éléphant particulier. La taille de l'éléphant d'Asie est, terme moyen, de dix pieds de hauteur pour les mâles et de huit pour les femelles. La tête de cette espèce est large, vaste, et le sommet forme une saillie en double pyramide; l'oreille est moins grande que dans l'éléphant d'Afrique, mais les défenses sont plus fortes et plus longues que dans ce dernier. L'éléphant d'Asie ne se trouve qu'à l'est de l'Indus; il vit dans ces contrées en liberté dans les forêts humides qui ombragent les rivières, et, depuis l'antiquité la plus reculée, il a été plié à la domesticité. L'intelligence de l'éléphant le rendrait précieux si les dépenses nécessaires à sa nourriture n'étaient aussi considérables : aussi reste-t-il un animal de luxe au service des rois et des grands. Dans les âges qui ont précédé notre ère, l'éléphant était employé dans les batailles; les successeurs d'Alexandre les opposèrent aux terribles légions romaines, qui ne purent dès lors maintenir leur supériorité qu'en admettant ces animaux comme auxiliaires et en opposant l'éléphant d'Afrique aux éléphants asiatiques des rois de Syrie et de Macédoine.

L'éléphant d'Afrique a le crâne arrondi, les oreilles si larges, qu'elles couvrent toute l'épaule ; le dos est oblique, parce que les parties postérieures du corps sont moins élevées que les antérieures. Cette espèce habite depuis les fleuves Sénégal et Niger jusqu'au Cap de Bonne-Espérance.

Les éléphants d'Asie comme ceux d'Afrique vivent en société ; ils se plaisent à se plonger fréquemment dans l'eau, puis à se recouvrir de poussière afin de garantir leur peau nue et sensible de la piqûre des insectes. Ces animaux ne sortent des forêts que pour prendre momentanément leur nourriture dans les plaines et dans les prairies. Ils font leur pâture de grains, d'herbes, de feuilles et de racines.

LE RHINOCEROS DES INDES. (*Pl.* 5, *fig.* 12.) — Après l'éléphant, le rhinocéros est le plus puissant des mammifères ; cet animal est remarquable par les cornes solides qui recouvrent son nez, cornes formées par une réunion de longs poils durs, agglutinés ensemble. Les caractères physiques des animaux dont nous parlons sont : des formes lourdes et massives, une peau sèche, rude, plissée, presque dépourvue de poils, et tellement épaisse, qu'elle forme une cuirasse à peu près impénétrable. La tête est courte, triangulaire, le nez est un peu convexe, les yeux sont latéraux, très-petits, les oreilles ont la forme de cornet, la lèvre supérieure est plus longue que l'inférieure, pointue et très-mobile. Les rhinocéros sont brutes et sauvages ; ils habitent comme les éléphants les forêts humides ; leur force est extraordinaire, et quand ils sont en fureur, il n'y a pas d'obstacles qu'ils ne puissent renverser. Il y a quatre espèces de rhinocéros ; l'espèce de l'Inde n'a qu'une corne sur le nez, l'espèce d'Afrique en a deux. Le rhinocéros de l'Inde est long de dix pieds ; sa peau ne peut être entamée par la balle ; elle est d'un gris tirant sur le violet ; des sillons très-profonds la divisent à l'épaule et à la croupe.

LE SANGLIER. (*Pl.* 5, *fig.* 14.) — Le genre sanglier a trois espèces qui ont toutes pour caractères communs : les deux doigts du milieu de chaque pied plus longs que les autres, touchant seuls à terre, et terminés par des ongles qui forment de forts sabots, les dents conoïdes recourbées de côté et en haut, le museau terminé par un boutoir, le corps couvert de poils rudes. Les trois espèces sont : le sanglier commun, le sanglier papou, et le sanglier à masque.

Le sanglier commun est répandu dans toutes les forêts humides de l'Europe et de l'Asie ; c'est de lui que descendent les cochons domestiques. Cet animal a la tête pyramidale ; sa force réside dans son cou, ses mâchoires et son boutoir ; cette dernière partie est en même temps le siége du toucher. Le pelage du sanglier est noir et composé de soies dures. La femelle du sanglier se nomme laie. Cet animal est intrépide; il ne se détourne jamais dans sa course , et si quelque chasseur le blesse, il court droit sur lui, malgré les chiens et les coups dont on l'accable. Cependant il est facile d'apprivoiser les sangliers; ils sont sensibles aux bons traitements et s'attachent à ceux qui les soignent.

L'HIPPOPOTAME (*Pl.* 5, *fig.* 13.) —Quoique le mot hippopotame signifie cheval de rivière en langue grecque, néanmoins on ne trouve rien qui rappelle le cheval dans les formes massives et grossièrement ébauchées de ce pachyderme, dans ses jambes courtes et engagées dans la peau, dans ses pieds divisés en quatre sabots, pas plus que dans sa tête monstrueuse dont la gueule est armée d'énormes dents. La longueur de l'hippopotame est de huit à dix pieds; sa hauteur est de quatre. Malgré son ventre traînant à terre, l'hippopotame est d'une force excessive, mais il n'est agile que dans l'eau; à terre ses mouvements ont moins de souplesse et d'impétuosité. La peau de ce pachyderme est noire, épaisse et sans poils. L'hippopotame vit par troupes dans les fleures de l'Afrique centrale; il est très-douteux qu'il en existe en Asie.

LE CHEVAL. (*Pl.* 5, *fig.* 15.)—La famille des solipèdes n'a qu'un seul genre, le genre cheval, comprenant le cheval proprement dit et ses variétés domestiques, et les espèces czigithai, âne, quagga, zèbre, et zèbre de Burchell. On reconnaît les solipèdes à ce qu'ils n'ont à chaque pied qu'un doigt apparent terminé par un seul ongle; et le genre cheval est caractérisé par ses dents conoïdes qu'un espace vide, appelé barre, sépare des dents molaires. Quant à l'espèce du cheval, elle se reconnaît à sa queue couverte de crins dans toute son étendue. Le cheval domestique descend d'une espèce sauvage qui a vécu autrefois dans les vastes plaines de la Haute-Asie, mais qu'on ne retrouve plus dans son état de pureté primitive, parce qu'elle s'est croisée avec des chevaux domestiques redevenus en possession de la liberté. Ces plaines sont toujours le domaine de troupes nombreuses de chevaux indépendants que les Tartares appellent tarpans. Dans l'Amérique méridionale, on voit aussi d'innombrables hordes de chevaux sauvages que l'on nomme alzados et qui descendent des chevaux andaloux, qui, après s'être échappés des mains de leurs maîtres, ont prodigieusement multiplié. Les tarpans et les alzados ont les mêmes mœurs; chacune de leurs troupes obéit à un chef qui marche fièrement le premier et fait conmaître sa volonté par la manière dont il hennit. Les chevaux sauvages s'approchent souvent de ceux qui vivent en domesticité et les excitent à déserter, ce qui arrive presque constamment. Les hordes de chevaux alzados dans l'Amérique méridionale comptent quelquefois jusqu'à dix mille individus ; elles marchent en colonnes serrées, précédées d'éclaireurs. Au signal du chef, ces colonnes se précipitent sur les voyageurs, ou tournent plusieurs fois en cercle autour d'eux, sans s'en approcher, avant de disparaître.

Septième Leçon.

LES RUMINANTS ET LES CÉTACÉS.

LA GIRAFE, LE CHAMEAU, LE LAMA, LE CERF, LE RENNE, LE BŒUF, LA BREBIS, LA CHÈVRE, LA BALEINE, LE CACHALOT, LES DAUPHINS.

Il nous reste à parler des deux derniers ordres de la classe des mammifères, le huitième, l'ordre des ruminants, et le neuvième l'ordre des cétacés.

Les ruminants ont à la mâchoire inférieure six ou huit dents incisives, qui, excepté dans les espèces chameau et alpaca, sont remplacées à la mâchoire supérieure par le bord calleux des gencives. Ces animaux sont appelés ruminants en raison d'une disposition de leur organisation qui leur permet de mâcher une seconde fois les aliments qu'ils ont déjà avalés : c'est là ce que l'on nomme ruminer. Cette disposition tient à ce que les ruminants ont quatre estomacs et que les alimens s'amassent dans le premier avant d'avoir été suffisamment broyés pour passer dans les autres où se fait le travail de la digestion. L'ordre des ruminants n'a que deux familles : les ruminants sans cornes et les ruminants armés.

LE CHAMEAU. (*Pl.* 6, *fig.* 3.). — Les animaux du genre chameau ont les doigts réunis en dessous par une sorte de

semelle ; leur cou est très-long ; ils ont la lèvre fendue, le dos chargé de loupes graisseuses et des callosités sur la poitrine, les poignets et les genoux.

Toutes les espèces qui appartiennent à ce genre sont sobres, vivent de peu, et supportent patiemment la faim et la soif ; les espèces d'Amérique ne boivent pas. Outre leurs quatre estomacs, les chameaux ont une cinquième poche, véritable source d'eau qui paraît produire ce liquide dont elle est toujours remplie. Le genre chameau se divise en deux groupes, les chameaux et les lamas.

Le groupe des chameaux n'a que deux espèces, le chameau et le dromadaire.

Le chameau se reconnaît aux deux bosses placées l'une sur les épaules, l'autre sur la croupe ; sa taille est de sept pieds à l'épaule ; de longs poils crépus, d'un beau marron foncé, garnissent les bosses, le dessus du cou, et forment d'épaisses manchettes aux jambes de devant ; sur le reste du corps le poil est court, mais épais. Le chameau a pour patrie toute la zône moyenne de l'Asie, comprise entre l'Hymalaya et le mont Taurus ; depuis toute antiquité cet animal est réduit en domesticité.

LE DROMADAIRE. (*Pl.* 6, *fig.* 2.) — Le dromadaire n'a qu'une bosse sur le dos ; ses formes sont plus légères que celles du chameau ; sa taille est moins élevée. Il y a deux variétés de dromadaires, l'une brune, l'autre blanche. Ce ruminant est originaire de l'Arabie ; on ne le trouve plus qu'à l'état domestique.

LE LAMA. (*Pl.* 6, *fig.* 4.) — Le sous-genre des lamas se distingue du premier en ce que les doigts ne sont pas réunis par une semelle, et que le dos ne porte pas de loupes graisseuses.

Le lama est haut de trois pieds à l'épaule ; sa couleur est d'un brun foncé avec un reflet rougeâtre. Le cou du lama est long ; il supporte une petite tête animée par des yeux vifs et saillants. La queue est ornée de longues soies. Le lama habite sous l'équateur, dans la chaîne des Cordillières. Les Péruviens l'emploient comme bête de somme, et mangent sa chair.

LE CERF. (*Pl.* 6, *fig.* 5.) — Le genre cerf est le premier de la famille des ruminants armés ; il est nombreux en espèces, car il se compose des suivantes : l'élan, le renne, le daim, le cerf, le wapiti, le cerf de Walich, l'axis, le cerf-cochon, le chevreuil, le cerf ahu, le cerf de Virginie, le guazoupoucou, le cerf du Mexique, le guazonti, les daguets, le muntjak et le cerf à petits bois.

Tous ces animaux ont le corps svelte, les jambes minces, un sillon creusé dans la peau, sous les yeux, auquel on donne le nom de larmier, et la tête armée de cornes rameuses que l'on appelle bois.

Le cerf commun, ou cerf proprement dit, est haut de trois pieds et demi à l'épaule ; sa longueur est de six pieds. Son corps est svelte et arrondi, son cou alongé mais gracieusement recourbé ; sa tête fine a l'œil doux et hardi. La robe du cerf est toujours propre et brillante ; elle est d'un fauve brun sur le dos, les flancs et les cuisses ; la croupe est plus pâle, et une ligne noire règne le long de l'épine dorsale ; le nez est traversé par une large bande brune. Le cerf vit dans les forêts des régions tempérées de l'Europe, de l'Asie et de l'Afrique. Il se nourrit d'herbes, de feuilles, de bourgeons et de jeunes branches d'arbres. La femelle du cerf se nomme biche, et les petits faons.

LE RENNE. (*Pl.* 6, *fig.* 6.) — Le renne sauvage est de la taille du cerf, mais il a le corps plus épais, les jambes plus courtes et les pieds plus gros. Le pelage du renne est brun-foncé en hiver ; il devient gris-blanc en été ; une ligne blanche passe au dessus des sabots. Dans l'espèce du cerf, la femelle n'a pas de bois ; elle porte cette ramure dans celle du renne, et, comme dans tous les animaux de ce genre, les bois tombent et repoussent annuellement. Le renne habite les contrées du pôle arctique ; en été il se retire sur les montagnes, en hiver il descend dans les plaines et dans les vallées ; sa nourriture consiste en mousses, en lichens, en écorces et en jeunes branches. Les lapons n'ont guère d'autre animal domestique que le renne ; ils en forment des troupeaux utiles, non seulement à cause du lait qu'ils fournissent, de la chair, nourriture recherchée dans ces contrées glacées, des vêtements que l'on confectionne avec les peaux, mais utiles encore comme bêtes de somme et de trait, car les lapons attèlent cet animal à leurs traîneaux.

LA GIRAFE. (*Pl.* 6, *fig.* 1.) — Cet animal, étrange par ses formes et dont l'existence a été long-temps un objet de doute, est aujourd'hui un des plus populaires dans notre pays, depuis qu'un magnifique individu, arraché aux solitudes désertes de l'Afrique orientale, a été envoyé à Paris par le pacha d'Égypte. La girafe partage avec l'ours martin l'amitié du badaud des faubourgs, et l'admiration du provincial qui débarque à Paris. Il y a, en effet, quelque chose de fantastique dans la longueur insolite du cou de la girafe, dans la petitesse de sa tête, dont l'œil semble faire la partie la plus considérable, dans son corps mince, plus haut de dix-huit pouces en avant qu'en arrière, dans ses longues jambes qui marchent toujours l'amble, au rebours de l'allure habituelle des autres mammifères. La robe de la girafe est agréablement variée de taches d'un roux fauve assez vif, sur un fond fauve pâle. La tête de ce singulier ruminant tient de celle du cerf et de la tête du chameau ; elle est armée de deux petites cornes sans pointes, entourées d'un cercle de poils.

Tout annonce dans un animal ainsi organisé une double destination ; celle de vivre dans des déserts sablonneux, qui ne produisent aucune herbe, et de brouter les feuilles des mimosas qui ombragent les valées de ces solitudes.

L'ANTILOPE BLEUE. (*Pl. 6, fig. 7.*) — Peu de genres comptent autant d'espèces que celui des antilopes ou gazelles. Ces jolis animaux habitent les déserts de l'Afrique, de l'Asie, de l'Amérique, et les montagnes de l'Europe ; ils sont célèbres chez les Arabes pour leurs beaux yeux : aussi les poètes du désert les célèbrent-ils souvent dans leurs chants si pittoresques et si riches en images pompeuses. Les antilopes varient dans leur taille, selon les espèces, depuis un pied et demi jusqu'à six ; de longues cornes, élégamment contournées, tantôt en forme de lyre, tantôt en arcs gracieux, quelquefois en spirale, ornent et défendent leur tête. Les gazelles sont douces, sociables ; elles vivent en troupes plus ou moins nombreuses, leurs sens sont d'une esquise sensibilité. La plupart des espèces du genre antilope servent de pâture aux lions, aux panthères et aux autres grandes espèces de chats.

L'antilope bleue habite le cap : son pelage est gris-cendré.

LE BŒUF. (*Pl. 6, fig. 8.*) — C'est là, mes amis, l'animal le plus utile dont Dieu ait fait présent à notre Europe ; sans lui les peuples de cette partie du monde ne pourraient exister. L'anéantissement de l'espèce du bœuf renverserait toute notre civilisation actuelle. Jugez des services immenses rendus par cet animal : en France seulement il fait mettre annuellement en circulation, dans le commerce, par les divers produits qu'il fournit, plus de deux milliards. Outre sa chair, nourriture habituelle des hommes de nos climats, et son cuir, objet de première nécessité pour la confection des chaussures, des harnais, des voitures, de mille objets différents, on utilise encore sa corne, ses intestins, dont on fait des cordes d'instruments de musique, ses tendons, ses cartilages que l'on transforme en colle forte, son sang employé comme engrais ou pour raffiner le sucre; ses os, dont on tire la gélatine ou que l'on transforme en noir d'ivoire, après les avoir brûlés, puis moulus; que l'on utilise aussi pour faire des boutons, des manches de couteaux ou d'autres utiles objets, on en retire aussi une substance employée en chimie, que l'on nomme ammoniaque. La vache fournit encore le lait d'où on retire le beurre et plusieurs variétés de fromages.

Notre bœuf domestique a le front plat, plus long que large, et des cornes rondes placées aux deux extrémités d'un rebord saillant qui sépare le front du dessus de la tête. Le taureau ou bœuf mâle atteint ordinairement une hauteur de cinq pieds à l'épaule; son pelage varie en couleur; le fauve en est la nuance la plus habituelle, mais on voit des bœufs noirs, on en voit de gris, de roux et de bruns; quelques uns sont variés de noir ou de blanc. Un large repli de la peau prend naissance sous la mâchoire inférieure du bœuf, descend le long de la gorge, de la poitrine, et flotte entre les membres antérieurs: c'est le fanon. Ce n'est pas pour s'en nourrir uniquement, et en tirer divers produits cités plus haut, que l'on élève le bœuf, il rend à l'agriculture d'importants services, car, attelé à la charrue, il laboure plus profondément et plus régulièrement que le cheval; il voiture des chariots pesamment chargés et fertilise la terre dont il a déchiré le sein. L'antiquité, mes enfants, en raison de tant de services, honorait ce bienfaisant animal; les Égyptiens ne lui ôtaient la vie que pour l'offrir en sacrifice aux dieux, encore était-il défendu d'immoler le bœuf qui avait travaillé. Un Phrygien fut condamné à mort pour avoir tué un de ses bœufs de labour. Un Romain, comme le rapportent Pline et Valère-Maxime, fut envoyé en exil pour le même motif. Tuer un bœuf passa long-temps à Rome pour un crime capital; aussi Ovide dit dans *les Fastes* :

« A bove, succincti, cultros removete, ministri.
« Bos aret, ignavam sacrificate suem.

Sacrificateurs, que vos couteaux épargnent le bœuf, il laboure; immolez le porc inutile.

LA BREBIS. (*Pl.* 8, *fig.* 9.) — La chèvre et la brebis font partie de deux genres très-voisins, mais distincts. La brebis partage avec le bœuf le premier rang parmi les animaux, je ne dis pas utiles, mais indispensables; c'est à la toison de la brebis que nous devons le drap de nos habits, les brillantes étoffes dites mérinos, mousselines de laine, cachemires français, châles, et tant d'autres dont la nomenclature est effrayante ; nous retrouvons la laine de la brebis dans les matelas sur lesquels nous cherchons le repos réparateur du sommeil, dans les couvertures qui nous préservent du froid, dans la bienfaisante flanelle qui assure notre santé contre les effets destructeurs des intempéries des saisons. Que d'industries n'ont d'autre source que cette précieuse toison ; que de millions elle met en circulation ! La brebis d'Europe ou brebis commune descend du mouflon, animal sauvage, qui se rapproche plus de la chèvre que du mouton. Le mâle de la brebis se nomme bélier ; il a la tête armée de cornes recourbées ; les deux sexes ont le corps recouvert d'une toison laineuse et crépue. L'agneau est le mouton nouvellement né. La chair du mouton est saine et savoureuse.

LA CHÈVRE. (*Pl.* 6, *fig.* 10.) — Les chèvres sont des animaux vifs, légers, capricieux, destinés à vivre sur les rochers des hautes montagnes. Quoique la chèvre se plie à la domesticité, il n'est cependant pas d'animal plus indépendant lorsque l'éducation n'a pas modifié son caractère, et la chèvre ne perd pas tout-à-fait, même après plusieurs siècles de servitude, son indépendance native. L'œgagre ou chèvre sauvage habite les sommets des plus hautes montagnes de la Grèce et du Caucase, les pics voisins des glaciers et des neiges perpétuelles ; rien n'égale sa souplesse et son agilité ; une pointe de rocher de quelques pouces de superficie, lui suffit pour se tenir en équilibre au dessus des plus effrayants précipices ; puis tout à coup on la voit s'élancer à plus de cinquante pieds au dessus, et bondir d'abîmes en abîmes avec une incroyable rapidité.

La chèvre domestique n'a pas entièrement perdu cette rapidité de volonté et de mouvement. Le mâle de la chèvre est le bouc ; il répand une odeur désagréable produite par l'acide caprique qui imprègne sa transpiration. La tête de la chèvre porte de longues et fortes cornes recourbées en arrière ; son poil est long, soyeux ; on l'emploie pour la fabrication d'étoffes grossières dites camelots ; sa peau sert à faire le maroquin ou un cuir souple et doux. Le lait de chèvre est sain et abondant.

LE DAUPHIN MARSOUIN. (*Pl.* 6, *fig.* 14.) — Nous sommes actuellement au dernier ordre des mammifères, l'ordre des cétacés : il est composé d'animaux destinés à vivre dans l'eau, et qui, aux yeux du vulgaire, passent pour être des poissons. Les cétacés n'ont pas de membres postérieurs ; leur colonne vertébrale, considérablement développée en arrière, est devenue une queue terminée par une nageoire à deux lobes, gouvernail agile qui règle la course de l'animal. Les membres postérieurs des cétacés sont aplatis en manière de rames ou de nageoires; la poitrine de ces animaux renferme un vaste poumon semblable à celui des autres mammifères, aussi voit-on les cétacés nager à la surface de l'eau pour respirer, et, s'ils plongent ce n'est que momentanément. Le système dentaire des cétacés varie suivant les genres : ainsi les lamentins ont des dents molaires semblables à celles des singes; les dents des dauphins et celles des cachalots sont coniques; les narvals en sont entièrement privés, et chez les baleines, des lames de corne les remplacent. Les ouvertures les narines sont placées, dans les cétacés, sur le sommet de la tête; on les nomme évents; elles ne servent pas seulement à la respiration, car c'est aussi par leur canal que l'eau qui entre continuellement dans la bouche est chassée avec force en même temps que l'air expiré. Les cétacés sont vivipares; ils ont des mamelles pour l'allaitement de leurs petits.

L'ordre des cétacés est divisé en trois familles : 1° les cétacés herbivores; 2° les cétacés à petite tête; 3° les cétacés à grosse tête. La première famille se compose des genres lamentin, dugong et stellère. La deuxième renferme les genres dauphin, hétérodon et narval, enfin la troisième comprend les genres cachalot et baleine.

On reconnaît les dauphins à leur corps alongé, à leurs mâchoires avancées en forme de bec, et à leurs dents coniques varient en nombre de 168 à 190. Le dauphin marsouin est long de cinq pieds; sa tête est arrondie; il est noir sur le dos, blanc sous le ventre; il nage en troupes souvent nombreuses le long des côtes de l'Europe. Tout ce que les anciens ont rapporté de l'intelligence du dauphin et de son amitié pour l'homme est entièrement fabuleux.

LE NARVAL. (*Pl.* 6, *fig.* 13.) — Les narvals n'ont pas de dents, mais seulement une longue défense conique, aiguë, contournée en spirale, dirigée dans le sens de l'axe du corps, et implantée dans la mâchoire supérieure. Le narval habite les mers du nord; sa taille est de trente pieds, et la défense en égale le tiers; cette arme a été long-temps connue sous le nom de corne de licorne. La peau de ce cétacé est marbrée de brun et de blanc.

LE CACHALOT. (*Pl.* 6, *fig.* 12.) — Les cachalots ont une tête énorme, quoique leur crâne ait peu d'étendue et leur cerveau peu de développement; cette dimension considérable de la tête dépend de grandes cavités recouvertes par une voûte cartilagineuse que remplit une substance huileuse pendant la vie, semblable à de la cire ferme, après la mort, connue sous le nom de blanc de baleine, et mieux de cétine. Un canal, gros comme la cuisse d'un homme à son origine, et qui se ramifie sous toute la peau du corps, fait communiquer la cétine du réservoir de la tête avec la graisse qui se trouve sous la peau. Un cachalot adulte donne dix-huit à vingt tonneaux de cétine. On emploie cette substance pour la fabrication des bougies diaphanes; on en fait aussi usage en pharmacie. C'est encore du cachalot que provient le parfum musqué nommé ambre gris, concrétion maladive qui se forme dans ses intestins. Le cachalot habite les mers du nord et du sud. La mâchoire inférieure du cachalot macrocéphale est de trois pieds plus courte que la mâchoire supérieure; la peau est noire sur le dos, blanchâtre sous le ventre; la longueur du corps est de soixante-dix à quatre-vingts pieds.

LA BALEINE FRANCHE. (*Pl.* 6, *fig.* 11.) — La tête des baleines forme le tiers de la longueur totale du corps; la mâchoire supérieure est garnie, au lieu de dents, de lames de corne, que l'on nomme fanons, et qui est la baleine du commerce. La baleine franche est longue de soixante-dix pieds; sous sa peau est un lard épais de plusieurs pieds, qui fournit jusqu'à cent vingt tonnes d'huile. La vue est le plus actif des sens de la baleine; elle est privée du sens du goût; celui de l'ouïe est à peine sensible, et le toucher n'existe que sous les aisselles, partie où les mères retirent leurs petits. Comme la baleine est privée de dents, elle se nourrit de petits mollusques tels que des clios et des méduses qui nagent par milliers dans les mers polaires; en ouvrant la bouche, la baleine engloutit avec l'eau d'innombrables quantités de ces animaux; les poils qui garnissent les fanons les retiennent, alors l'eau est rejetée par les évents et la proie avalée vivante. La baleine franche est noire sur le dos, blanchâtre sous le ventre; elle habite les mers polaires arctiques et antarctiques, mais elle est bien plus multipliée dans ces dernières; on arme tous les ans un grand nombre de bâtiments pour la pêche de la baleine, dont l'huile est employée dans les arts. Cette pêche n'est pas sans dangers et demande de l'adresse. Aujourd'hui on se sert de fusées à la congrève pour lancer le harpon sur ce cétacé.

Huitième Leçon.

LES OISEAUX.

CLASSIFICATION DES OISEAUX. — OISEAUX DE PROIE ET PASSEREAUX.

La seconde classe d'animaux vertébrés est celle des oiseaux. Les oiseaux, mes bons amis, sont des vertébrés ovipares, destinés à parcourir l'immensité des plaines de l'air, au moyen d'une modification des membres antérieurs, qui rend ces membres impropres à la station et à la marche, et les transforme en ailes. Ainsi donc, l'aile de l'oiseau n'est rien autre chose que le bras, l'avant-bras et la main de l'homme, du singe et de la chauve-souris, que le membre antérieur des autres mammifères; on y trouve absolument les mêmes os. Notre célèbre naturaliste, Geoffroi-St-Hilaire, a prouvé que le squelette de l'oiseau ne diffère en rien du squelette humain, quant au nombre et à la position des os; les seules différences ne consistent que dans les nuances de formes, dans certaines portions excessivement développées, tandis que d'autres restent à l'état rudimentaire. Destinés à vivre dans l'air et à s'y mouvoir, les oiseaux devaient acquérir une excessive légèreté, aussi leur poumon est d'une ampleur considérable, il est enveloppé d'une membrane percée de grands trous qui laissent passer l'air dans l'intérieur de la poitrine, dans l'abdomen, dans les aisselles et jusque dans les os qui sont creux, minces, et presque dépourvus de moelle. Le corps de l'oiseau, excepté chez le casoar, est couvert de plumes; c'est le vêtement le plus favorable pour le mettre à l'abri des variations rapides de température auquel il s'expose, soit en s'élevant dans l'air, soit en changeant de contrée. Les plumes sont composées d'une tige creuse à sa base, pleine d'une substance spongieuse dans le reste de son étendue, et de barbes fixées sur cette tige. Les couleurs les plus brillantes et les plus riches ornent ces barbes dans les belles espèces d'oiseaux qui peuplent les contrées équatoriales. On distingue plusieurs sortes de plumes : les dorsales, les pectorales et les abdominales sont les plus fines et les plus légères , elles revêtent le dos, la poitrine et le ventre ; aux ailes on distingue de grandes et fortes plumes , destinées à frapper l'air dans le vol, à le fendre et à y trouver un point d'appui, on les nomme pennes ; dix sont adhérentes à la main et portent le nom de pennes primaires ; d'autres, en nombre variable, tiennent à l'avant-bras , ce sont les pennes secondaires ; des plumes moins fortes sont attachées au bras et s'appellent plumes scapulaires ; enfin sur la base des pennes règne une rangée de plumes nommées couvertures. Les plumes de la queue sont aussi appelées pennes ou plumes rectrices.

Chez les oiseaux , l'œil et l'odorat sont les sens les plus délicats. L'œil a trois paupières, deux extérieures et une intérieure qui se déploie comme un rideau ; cette troisième paupière permet aux oiseaux de se tourner en face du soleil sans être incommodés par l'éclat de ses rayons ; l'aigle ne fixe donc pas le soleil comme on le pense généralement, car sa troisième paupière se déploie lorsqu'il dirige ses regards vers l'astre lumineux. L'organe de l'odorat réside dans la base du bec. Quant au bec , cet organe de substance cornée remplace les dents des mammifères , et il est composé de deux pièces nommées mandibules, implantées dans les mâchoires.

La digestion des oiseaux est d'autant plus rapide que leur vie est plus active et leur respiration plus accélérée ; l'acte de la digestion s'opère principalement dans trois estomacs, savoir : 1° le jabot, poche formée à la base du cou par la dilatation de l'œsophage ; 2° le ventricule succenturié, estomac membraneux placé dans l'abdomen ; il est garni d'une multitude de glandes dont les sucs imbibent les aliments ; 3° enfin le gésier, dernier estomac formé de muscles très-puissants, et revêtu intérieurement d'une membrane épaisse et ridée. Le gésier, par ses contractions, broie et réduit en pâte les aliments ramollis dans les deux premiers estomacs ; ce broiement s'exécute d'autant plus facilement, que les oiseaux avalent de petites pierres pour augmenter la force de la trituration.

Je vous ai déjà dit que les oiseaux étaient ovipares, c'est-à-dire qu'ils pondent des œufs d'où, après une incubation (action de couver) plus ou moins longue selon les espèces, sortent les petits, qui brisent la coquille à l'aide d'une pointe cornée qui tombe quelques jours après la naissance. Les petits oiseaux de l'ordre des gallinacés marchent et mangent seuls dès l'instant où ils voient le jour ; dans les autres ordres, les jeunes oiseaux ont besoin d'être nourris par

leurs parents, et ils ne sont assez forts pour prendre leur volée et leur nourriture que plusieurs jours après le développement des plumes.

La classe des oiseaux a été divisée par Cuvier en six ordres : 1° les oiseaux de proie ; 2° les passereaux ; 3° les grimpeurs ;
4° les gallinacés ; 5° les échassiers ; 6° les palmipèdes.

PREMIER ORDRE. — LES OISEAUX DE PROIE.

La division des ordres repose entièrement sur la forme du bec et des pieds. Les oiseaux de proie se reconnaissent à
leur bec crochu et à la force de leurs ongles : ils ont les pieds forts, les jambes et les cuisses très-musclées, car c'est à
l'aide de leurs ongles ou serres qu'ils saisissent et enlèvent leur proie. Les oiseaux de ce premier ordre n'ont que quatre
doigts ; l'ongle du pouce et celui du doigt interne sont les plus forts. Cet ordre se divise en deux familles : les oiseaux de
proie diurnes, ou qui chassent pendant le jour, et les oiseaux de proie nocturnes, ou qui chassent pendant la nuit.

OISEAUX DE PROIE DIURNES.

Ils ont les yeux dirigés sur les côtés et la base du bec recouverte d'une membrane à laquelle on donne le nom de
cire.

L'AURA. (*Pl.* 7, *fig.* 8.) — Le premier genre est celui des vautours ; il est caractérisé par des yeux placés à fleur de
tête, le cou et souvent une partie de la tête dénués de plumes, des ailes si longues que l'oiseau est obligé de les tenir à
demi-étendues en marchant. Les vautours se nourrissent de cadavres ; ils rendent de grands services dans les villes de
l'Orient, car eux seuls, au milieu de l'incurie générale, sont chargés du nétoiement des rues, ils les débarrassent pendant
la nuit des cadavres d'animaux qui s'y trouvent.

L'aura habite l'Amérique méridionale ; sa tête et son cou sont revêtus d'une peau nue d'un rouge vif ; le dos est fauve
ou noir, les pennes sont noires.

LE CATHARTE ALIMOCHE. (*Pl.* 7, *fig.* 9.) — Les cathartes ont le bec long et courbé seulement vers la pointe ; l'alimoche est le vautour blanc de Buffon ; il a le plumage blanc à l'exception des pennes primaires ou rémiges, qui sont noires ; la tête et le devant du cou sont nus, la peau en est jaunâtre ; les pieds sont jaunes et les ongles sont noirs ; la longueur du corps est de vingt-six pouces ; l'alimoche habite l'Europe et l'Afrique.

LE GRIFFON DES ALPES. (*Pl.* 7, *fig.* 10.) — Le griffon des Alpes, lemmer-geyer des Suisses, est le plus grand des oiseaux de proie d'Europe et d'Asie. Il construit son aire dans les rochers escarpés des plus hautes chaînes de montagnes ; il attaque les agneaux, les chèvres, les chamois et même les enfants. Il poursuit les chamois et les bouquetins de rochers en rochers jusqu'à ce qu'il les cerne sur le bord d'un précipice dans lequel il les oblige à s'élancer ; il les dévore lorsqu'ils se sont brisés dans leur chûte. Le griffon des Alpes est long de quatre pieds ; ses ailes étendues ont dix pieds d'envergure. Le manteau, ou les plumes du dos, est noirâtre avec une ligne blanche sur le milieu de chaque plume ; le cou et le dessous du corps sont d'un fauve clair ; une bande noire entoure la tête.

LA CRESSERELLE. (*Pl.* 7, *fig.* 6.) — Elle appartient au nombreux genre faucon, dont l'aigle, le faucon, l'épervier, l'émérillon, l'autour et la grande majorité des oiseaux de proie font partie. On reconnaît les faucons à leur bec courbe dès la base, et armé d'une dent aigue de chaque côté de la pointe. Ils ont la tête et le cou revêtus de plumes ; un sourcil en saillie fait paraître leur œil enfoncé. Ces oiseaux sont hardis ; ils se nourrissent de proies vivantes ; autrefois on en dressait plusieurs espèces pour la chasse au vol. La cresserelle est rousse, tachetée de noir en dessus ; blanche, tachetée en long de brun pâle en dessous ; la tête et la queue du mâle sont cendrées. Ce faucon tire son nom de son cri aigre et rapide. La cresserelle niche dans les vieilles tours, dans les murs élevés qui tombent en ruines.

L'AIGLE COMMUN. (*Pl.* 7, *fig.* 2.) — Les faucons, qui forment la division des aigles, ont les pieds garnis de plumes jusqu'à la naissance des doigts ; ils nichent dans les montagnes ou sur des arbres très-élevés ; ce sont les plus courageux des oiseaux de proie ; ils attaquent les mammifères à coups d'ailes et de bec. L'aile des aigles est aussi longue que la queue. L'aigle commun est brun ; la moitié supérieure de la queue est blanche, le reste est noir. L'aigle habite tous les lieux élevés de l'Europe.

LE JEAN-LE-BLANC. (*Pl.* 7, *fig.* 7.) — Il est brun en dessus, blanc en dessous avec des taches d'un brun-pâle ; sa queue a trois bandes pâles. Ce faucon vit de grenouilles et de serpents ; il habite l'Europe.

LE MILAN COMMUN. (*Pl.* 7, *fig.* 3.) — Le milan est fauve ; il a les pennes des ailes noires et celles de la queue rousses. Les ailes de cet oiseau sont très-étendues ; sa queue est fourchue : aussi est-il de tous les habitants de l'air celui qui vole le plus rapidement et le plus long-temps. Le milan se nourrit principalement de reptiles.

LE BUSARD CENDRÉ. (*Pl.* 7, *fig.* 5.) — Cette espèce varie beaucoup dans les nuances de son plumage, suivant l'époque de sa vie. Les jeunes busards ont le dessous du corps roux ; à deux ans ces oiseaux sont bruns sur le dos et blancs sous le ventre ; le mâle dans sa vieillesse est cendré ; les pennes primaires sont noires, et une bande de la même couleur traverse les pennes secondaires. Le busard niche à terre ; son vol est peu élevé ; on le voit chasser le soir et saisir les rats, les mulots, les jeunes perdreaux et même des reptiles.

LE PYGARGUE. (*Pl.* 7, *fig.* 1.) — Il est d'un gris brun uniforme, plus pâle à la tête et au cou ; la queue est blanche et le bec jaune-pâle. Ce faucon habite tout le nord du globe ; il fréquente les côtes et se nourrit de poissons.

OISEAUX DE PROIE NOCTURNES.

Vous savez que ces oiseaux, connus du vulgaire sous le nom de chats-huants, sont dans les campagnes l'objet d'une crainte superstitieuse et ridicule. Les oiseaux de proie nocturnes ont la tête grosse, les yeux ronds, volumineux, dirigés en avant et entourés d'un cercle de plumes légères dont les antérieures recouvrent la cire du bec. Comme leur œil est très-sensible à la lumière, ces oiseaux ne peuvent en supporter l'éclat tant que le soleil est sur l'horizon ; ils ne volent donc qu'au crépuscule et pendant la nuit. Leur vol est silencieux à cause de la finesse des barbes des pennes, ce qui leur permet de s'approcher de leur proie sans la réveiller. Le cri des oiseaux de proie nocturnes est lugubre, il a quelque chose de fantastique au milieu du calme de la nuit. On divise les oiseaux de cette famille en hiboux et chouettes.

LE GRAND-DUC. (*Pl.* 7, *fig.* 11.) — C'est le plus grand des oiseaux de nuit, il est fauve, pointillé de brun sur le dos, fauve en dessous ; ses oreilles sont surmontées de deux aigrettes de plumes. Le grand-duc vit en Europe, il habite les rochers des montagnes.

LE CHAT-HUANT. (*Pl. 7, fig. 13.*) — Le fond du plumage est grisâtre dans le mâle, roux dans la femelle, et dans les deux sexes il est couvert de taches longitudinales brunes. Les plumes scapulaires sont tachées de blanc. Cet oiseau niche dans les bois ; il pond souvent dans les nids des autres oiseaux, après en avoir dévoré les habitants, d'autres fois il place sa demeure dans un tronc d'arbre creusé par le temps.

LA CHOUETTE DE LAPONIE. (*Pl. 7, fig. 12.*) — Elle est mélangée de gris et de brun en dessus ; son plumage est blanchâtre, à taches longitudinales, gris-brun en dessous. Cette chouette habite les montagnes du nord de la Suède.

L'EFFRAYE. (*Pl. 7, fig. 14.*) Cette chouette se retrouve dans toutes les contrées du globe ; son dos est nuancé de fauve, de cendré, de brun, et piqueté de points blancs placés entre deux points noirs. Le ventre est blanc ou fauve, souvent moucheté de brun. L'effraye habite les tours, les clochers, les trous des vieux murs ; elle détruit une grande quantité de rats, de souris, de mulots et de reptiles.

LE SCOPS. (*Pl. 7, fig. 15.*) — Cet oiseau de nuit est de la taille du merle, son plumage est cendré, nuancé de fauve et varié de lignes grises sinueuses et de mèches noires ; les plumes scapulaires ont des taches blanches. Le scops habite nos forêts.

ORDRE DEUXIÈME. — LES PASSEREAUX.

Cet ordre est le plus nombreux en espèces. Il est divisé en cinq familles, dont les caractères reposent pour les quatre premières sur la forme du bec, et pour la cinquième sur la conformation du pied. Parmi les passereaux, les uns se nourrissent de petites proies et d'insectes, les autres vivent de graines et de fruits.

PREMIÈRE FAMILLE. — LES DENTIROSTRES.

Une dentelure aiguë de chaque côté de la pointe du bec.

LA PIE-GRIÈCHE ROUSSE. (*Pl.* 8, *fig.* 2.) — Les pies-grièches forment entre elles de petites sociétés qui vivent en commun ; leur vol est inégal et précipité, il s'accompagne toujours de cris aigus ; ces oiseaux imitent le chant des espèces qui nichent dans leur voisinage. La ponte est de cinq à six œufs. La pie-grièche rousse a le dessus de la tête et le cou d'un roux vif, le dos est noir, les plumes scapulaires et le ventre sont blancs, les ailes, la queue, et un bandeau qui entoure les yeux, sont noirs. Cette espèce habite la France.

LA LYRE. (*Pl.* 8, *fig.* 1.) — Le ménure lyre est un magnifique oiseau des forêts de la Nouvelle-Hollande ; sa taille égale celle d'une poule moyenne, le mâle est orné d'une queue admirable, composée de deux grandes pennes extérieures relevées et courbées comme les branches d'une lyre, entre ces deux pennes on en voit quatorze autres, dont douze, très-longues, ont les barbes effilées et très-écartées, et deux au centre garnies d'un seul côté seulement d'un rang de barbes très-serrées. Cet oiseau est très-rare ; il passe le jour perché sur des eucalyptus, et ne cherche sa nourriture que le soir.

LE ROSSIGNOL. (*Pl.* 8, *fig.* 4.) — Le rossignol est le plus harmonieux des oiseaux chanteurs de nos parcs et de nos forêts ; il nous annonce, par les sons mélodieux et variés de sa voix, le retour du printemps. Quelle jouissance plus vive que d'entendre, par une belle nuit tiède et parfumée, les modulations douces et harmonieuses du rossignol ? Ce charmant oiseau, perché près du nid où sa compagne va devenir mère, charme les ennuis des longues heures que cette tendre compagne passe à communiquer la chaleur et la vie à ses œufs, objets de sa sollicitude et de son espoir ; il répond aux chants de ses voisins ; une sorte d'émulation semble les saisir, ils se répondent tour-à-tour, et ils cherchent à se surpasser par la longueur de leurs périodes et par la rapidité des notes qu'ils vocalisent. Les rossignols sont chéris dans toutes les contrées qu'ils visitent, car ces oiseaux sont voyageurs ; l'homme de l'orient les révère, et les amours du rossignol (bulbul) et de la rose, figurent dans toutes les compositions des poètes de la Perse. Le rossignol apparait dans les environs de Paris dans la nuit du 23 au 24 avril ; depuis douze ans je ne l'ai jamais entendu avant cette époque, et jamais il n'a manqué de faire entendre sa voix au milieu de cette nuit. Il chante jusqu'au moment où ses petits éclosent ; alors, livré tout entier aux soins de la paternité, il cesse de se faire entendre. Vers le milieu de l'été il commence à émigrer, on croit qu'il se retire en Asie. Le plumage du rossignol n'a rien de remarquable, il est brun-roussâtre en dessus, blanchâtre en dessous ; la queue est plus rousse que le

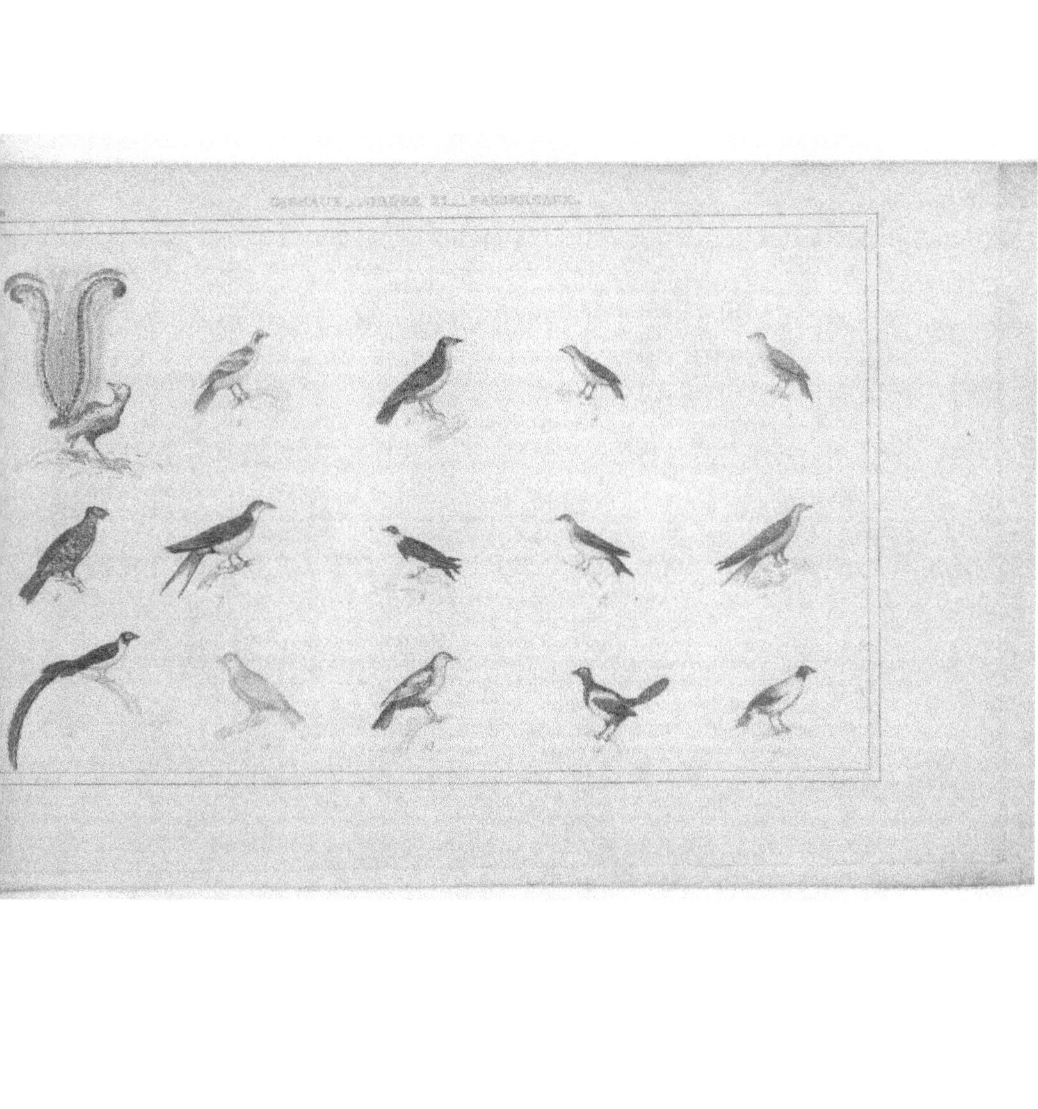

corps. Le rossignol fait son nid au milieu des buissons à un ou deux pieds de terre; il pond cinq œufs blancs tachetés de roux.

LE MERLE BLEU. (*Pl. 8, fig. 5.*) — Le merle bleu habite les hautes montagnes de l'Europe, son nom lui vient de son plumage. Les merles sont solitaires, ils se nourrissent de fruits et d'insectes.

DEUXIÈME FAMILLE. — LES FISSIROSTRES.

Ces oiseaux ont le bec court, large, applati horizontalement, légèrement crochu et fendu très-profondément; il sont insectivores, et par conséquent ils ne restent que passagèrement dans nos contrées, où l'hiver ils ne trouveraient point de nourriture.

L'HIRONDELLE DE FENÊTRE. (*Pl. 8, fig. 7.*) — L'hirondelle de fenêtre est noire en dessus, blanche en dessous; elle construit des nids de terre aux angles des fenêtres ou sous les rebords des toits; on la voit dans l'intérieur des villes et dans les villages; elle vole continuellement pour saisir les mouches et les insectes.

L'HIRONDELLE DE RIVAGE. (*Pl. 8, fig. 9.*) — Elle a la poitrine et le dos bruns, sa gorge et son ventre sont blancs; elle niche dans des trous le long des rivages; on la voit pendant le jour voler continuellement à la surface des eaux et y saisir les larves et les insectes aquatiques. Une singularité que présente cette espèce, c'est qu'elle se plonge dans l'eau à la fin de l'automne, s'y réunit en grappes formées d'individus attachés les uns aux autres, et qu'elle passe l'hiver engourdie dans cette situation.

LE MARTINET A VENTRE BLANC. (*Pl. 8, fig. 8.*) — Cette hirondelle est brune en dessus, blanche en dessous, son cou est entouré d'un collier brun; elle habite les creux des rochers des hautes montagnes.

LE MARTINET NOIR. (*Pl. 8, fig. 10.*) — Le martinet noir a les mêmes habitudes que l'espèce précédente. Son plumage est noir sur le dos et blanc sous la gorge seulement.

L'ENGOULEVENT. (*Pl. 8, fig. 6.*) — Ces oiseaux ont le plumage gris nuancé de brun, les barbes de leurs plumes sont molles comme dans les oiseaux de proie nocturne ; ils ont le même vol silencieux que ces derniers et un cri plaintif, analogue à celui de la grenouille, qui se répète à intervalles égaux. Le bec des engoulevents est fortement fendu, il est assez large pour engloutir au vol les plus gros papillons de nuit. Les engoulevents sont solitaires, ils ne volent que pendant le crépuscule et les nuits éclairées par la lune ; ils pondent à terre sans faire de nid. Cet oiseau est de la taille d'une grive.

TROISIÈME FAMILLE. — LES CONIROSTRES.

Ils ont le bec fort, conique, sans échancrure, la plupart vivent uniquement de grains.

LE BOUVREUIL. (*Pl.* 8 *fig.* 15.)—Ce bel oiseau est cendré dessus le dos, rouge à la poitrine et au ventre dans le mâle, gris-roussâtre dans la femelle ; le dessus de la tête est d'un beau noir de velours. Le bouvreuil niche dans les taillis et dans les buissons sur le bord des chemins ; il est granivore, on l'élève facilement en captivité.

LA VEUVE À COLLIER D'OR. (*Pl.* 8, *fig.* 11.) — Les veuves sont de magnifiques oiseaux des contrées équatoriales de l'Afrique et de l'Inde, qui se distinguent parce que les mâles ont les pennes de la queue, et ceux de quelques espèces les plumes des couvertures excessivement longues. La veuve à collier d'or habite la Guinée. Elle a la tête, la gorge, le dos, les ailes et la queue d'un noir intense, le derrière du cou porte un demi-collier jaune d'or très-large, sa poitrine est orangée.

LE CHARDONNERET. (*Pl.* 8, *fig.* 13.) — Le chardonneret est un de nos plus jolis oiseaux de France ; son dos est brun, son ventre blanc ; sa face est d'un beau rouge vif, et ses pennes sont marquées de jaune et de blanc. Le chardonneret tire son nom de la graine de chardon qui est sa nourriture préférée.

LE SERIN. (*Pl.* 8, *fig.* 12.) — Le serin est originaire des îles Canaries ; son joli ramage, la facilité avec laquelle il multiplie, quoique en esclavage, le font généralement rechercher ; sa couleur primitive est le vert-olive mélangé de jaune, mais ses nuances, par l'effet de la domesticité, sont devenues très-nombreuses.

LE CORBEAU. (*Pl.* 8, *fig.* 8.) — Le corbeau est le plus grand des passereaux d'Europe ; on en voit de près de dix-huit

OISEAUX

pouces de longueur ; le plumage de cet oiseau est d'un noir lustré avec des reflets verts. Le corbeau se nourrit de petits animaux, de chair morte et de fruits ; quelquefois il enlève les jeunes poulets dans les basses-cours. Il niche sur les arbres élevés, ou dans des creux de rochers escarpés ; il se plaît surtout dans le nord de l'Europe. Cet oiseau s'accoutume facilement à la domesticité, il apprend à parler aussi distinctement que le perroquet.

LA PIE. (*Pl.* 8, *fig.* 11.) — La pie est un bel oiseau d'un noir lustré à reflets bleus, verts et dorés, son ventre est blanc, l'aile porte une tache de la même couleur. La pie niche sur les arbres élevés, aux environs des villages ; elle est omnivore ; comme le corbeau, elle se fait à la captivité et apprend à parler.

L'OISEAU DE PARADIS. (*Pl.* 9, *fig.* 1.) — Ce magnifique oiseau habite la Nouvelle-Guinée et les îles voisines ; son dos est marron, le dessus de sa tête et son cou sont jaunes, le tour du bec et de la gorge sont du vert émeraude le plus brillant. Le mâle porte sur les flancs de longs faisceaux de plumes jaunes. On fait dans nos climats de magnifiques aigrettes avec ces oiseaux qui, en raison de leur grande rareté, sont d'un prix exorbitant.

LE MANUCODE. (*Pl.* 9, *fig.* 3.) — Le manucode est marron-pourpré, il a le ventre blanc, les plumes de ses flancs sont vert-émeraude, deux sont très-longues et se terminent par un magnifique disque de la même couleur. Cet oiseau habite la Malaisie et la Papouasie.

LE SIFILET. (*Pl.* 9, *fig.* 2.) — Il est de la taille d'un merle ; son plumage, d'un noir de velours, s'élargit en plastron sur la poitrine et y devient vert-doré ; derrière chaque oreille s'élèvent trois longs filets terminés par un disque vert-doré.

LE PARADIS ROUGE. (*Pl.* 9, *fig.* 5.) — Il porte sur les flancs des faisceaux de filets d'un beau rouge pourpre. Cette espèce, comme toutes les autres, se trouve à la Nouvelle-Guinée et dans les îles Moluques.

LE SUPERBE. (*Pl.* 9, *fig.* 4.) — Dans cette charmante espèce, les plumes scapulaires se prolongent en manière de manteau ; celles de la poitrine forment une cuirasse fourchue ; tout le plumage est d'un noir de velours, excepté la cuirasse qui est d'un vert brillant d'acier bruni. Les oiseaux de paradis ont les pieds courts. Ils se nourrissent de fruits aromatiques.

LE ROLLIER COMMUN. *(Pl. 10, fig. 3.)* — Le rollier est un oiseau très-difficile à pouvoir approcher; il ne se trouve en Europe que pendant l'été; il niche dans les arbres creux des forêts; il se nourrit de vers, d'insectes et de grenouilles. Le plumage du rollier est vert-aigue-marine; le dos et les plumes scapulaires sont d'une teinte brune, des taches d'un bleu pur se remarquent aux pennes primaires. Cet oiseau est de la taille du geai.

QUATRIÈME FAMILLE. — LES TÉNUIROSTRES.

Bec grêle, alongé, droit ou arqué.

LE GRIMPEREAU. *(Pl. 9, fig. 13.)* — Le grimpereau d'Europe a reçu son nom de l'habitude qu'il a de courir le long des tiges et des branches des arbres; il s'appuie, en grimpant, sur l'extrémité de sa queue. Cet oiseau est blanchâtre, tacheté de brun en dessus, teint de roux au croupion et sur la queue. Il niche dans les creux des arbres; il se nourrit des insectes et des larves qu'il trouve dans les fentes et sous la mousse des écorces.

LE COLIBRI TOPAZE. *(Pl. 9, fig. 6.)* — Les colibris sont des charmants oiseaux bien connus par leur petitesse et l'éclat métallique de leur plumage; ils semblent revêtus d'or et des pierres précieuses les plus étincelantes; ils volent avec rapidité, on les voit voltiger autour des fleurs où leur langue extensible va saisir les insectes qui se nourrissent du pollen des étamines et de la liqueur sucrée des nectaires. Ces petits bijoux animés sont cependant très-irascibles, on les voit fréquemment se livrer des combats à outrance. Ils habitent les deux Amériques. Les colibris nichent sur les arbres; leur nid est composé extérieurement de petites branches de bois gommeux et intérieurement d'une bourre soyeuse; on y trouve deux œufs blancs de la grosseur d'un pois. Les colibris changent de plumage à chacune de leurs premières mues.

Le colibri topaze est marron pourpré, il a la tête noire, la gorge du jaune le plus brillant de topaze, et entourée de noir. La femelle est d'un vert cuivreux, et sa gorge est d'un pourpre à reflets violets. La longueur de ce colibri est de sept pouces, six lignes. Il se trouve à la Guiane.

COLIBRI HAUSSE-COL VERT. *(Pl. 9, fig. 7.)* — Les plumes des parties supérieures du corps, sont d'un vert obscur faiblement doré, les pennes des ailes et de la queue sont d'un noir violet, la gorge et les côtés du cou sont d'un vert foncé très-brillant, on voit sur la poitrine une tache d'un noir velouté. Longueur quatre pouces six lignes.

LE RUBIS ÉMERAUDE. (*Pl.* 9, *fig.* 9.) — Plumage d'un vert brillant; les tectrices ou couvertures, les pennes primaires et les pennes de la queue rousses bordées de brun violet; la gorge jetant un vif éclat de rubis. Longueur, quatre pouces quatre lignes. Le rubis émeraude habite la Guiane et le Brésil.

OISEAU-MOUCHE À COLLIER. (*Pl.* 9, *fig.* 11.) — Parties supérieures du corps d'un vert doré, un demi-collier blanc, une tâche rouge de chaque côté de la gorge, ailes d'un bleu violet, poitrine d'un bleu verdâtre, ventre blanc.

LA HUPPE COMMUNE. (*Pl.* 9, *fig.* 14.) — Les huppes ont sur la tête une double rangée de longues plumes que l'oiseau redresse à volonté. La huppe commune habite en France pendant l'été seulement. Son plumage est d'un roux vineux, les ailes et la queue sont noires, deux bandes blanches traversent les couvertures et quatre les pennes des ailes. La huppe vit d'insectes; elle pond dans des trous d'arbres ou de murailles.

CINQUIÈME FAMILLE. — LES SYNDACTYLES.

Syndactyles signifie, en grec, doigts unis ensemble; les oiseaux de cette famille ont reçu ce nom parce que leur doigt extérieur est uni à celui du milieu jusqu'à l'avant-dernière articulation.

LE GUÊPIER VERT. (*Pl.* 10, *fig.* 2.) — Les guêpiers ressemblent aux hirondelles par leurs pieds courts, leurs ailes longues et pointues; ils poursuivent au vol les abeilles, les guêpes et les frelons. Le guêpier vert habite le midi de la France, l'Italie, l'Espagne et la Grèce; il a le dos fauve, le front et le ventre vert-aigue-marine, la gorge jaune entourée de noir; il niche dans des trous de quatre à cinq pieds de profondeur qu'il creuse dans les berges des rivières et des étangs.

LE MARTIN-PÊCHEUR. (*Pl.* 10, *fig.* 4.) — Ce bel oiseau est un peu plus fort que le moineau; son dos est d'un beau vert, ondé de brun et de noirâtre, une large bande d'un beau bleu règne le long du dos; le dessous du corps et les côtés du cou sont roussâtres. Les martins-pêcheurs se perchent sur les arbres dont les racines baignent dans les eaux; là ils épient le petit poisson qui vient s'ébattre à la surface, et ils se précipitent dessus avec rapidité; ils nichent aussi en terre comme les guêpiers.

LE CÂLAO D'ABYSSINIE. (*Pl.* 10, *fig.* 5.) — Les calaos, oiseaux que la forme bizarre de leur bec rend si singuliers, habitent l'Inde et l'Afrique; ils sont omnivores, ils marchent rarement, on les voit ou voler, ou rester perchés au sommet des plus grands arbres les moins garnis de feuillage; ils y construisent des nids permanents où ils se retirent le soir. La ponte est de cinq œufs que le mâle et la femelle couvent alternativement; les petits ne quittent leurs parents que dans un âge fort avancé.

Le calao d'Abyssinie a le plumage noir foncé, les premières pennes sont d'un fauve blanc. Le bec est grand, très-gros, surmonté d'un casque corné, à cannelures arrondies en dessus, ouvertes en avant. La gorge porte des caroncules. Cet oiseau est long de trois pieds et demi.

CALAO RHINOCÉROS. (*Pl.* 10, *fig.* 1.) — Le plumage est noir, à l'exception du croupion, de l'abdomen et de la base des pennes de la queue qui sont d'un beau blanc. Le bec est en forme de faux et surmonté d'un casque qui se relève en haut. La taille de cet oiseau est de quatre pieds quatre pouces en y comprenant le bec qui est long d'un pied.

Neuvième Leçon.

LES GRIMPEURS, LES GALLINACÉS, LES ÉCHASSIERS ET LES PALMIPÈDES.

Nous terminerons aujourd'hui, mes chers amis, l'exposition de la classification des oiseaux, que j'ai commencée dans ma dernière leçon; et je continuerai à décrire, comme je l'ai fait, quelques unes des espèces les plus intéressantes. L'ordre troisième, celui des grimpeurs, se présente le premier, après l'ordre, si nombreux et si riche en belles espèces, des passereaux. L'ordre des grimpeurs comprend tous les oiseaux dont le doigt extérieur se dirige en arrière comme le pouce. De cette disposition résulte un appui solide que la plupart de ces oiseaux mettent à profit pour se cramponner au tronc des arbres et y monter ; de là leur nom de grimpeurs. Ces oiseaux nichent dans les trous des vieux arbres, ils se nourrissent d'insectes et de fruits.

LE PIC DE GOA. (*Pl.* 10, *fig.* 6.) — Les pics ont un bec long, fort et anguleux avec lequel il fendent l'écorce des arbres en frappant à coups redoublés ; ils insinuent ensuite leur langue extensible et armée d'épines, dans les fentes qu'ils ont élargies et y saisissent les insectes et les larves qui y habitent. La queue des pics est composée de dix pennes qui leur servent de point d'appui lorsqu'ils grimpent. Ces oiseaux se mettent souvent à l'affût à l'entrée des fourmilières, et ils y enfoncent leur langue au moment où ils voient les fourmis sortir en grand nombre. Les pics passent la nuit dans les arbres creux qu'ils ont adoptés pour demeures.

Le pic de Goa est vert-olive, ses pennes des ailes et de la queue, ainsi que les couvertures, sont noires; chaque poignet porte une tache rouge; la gorge est noire, finement tacheté de blanc; le ventre est blanc varié de noir. Ce pic habite Goa, comme l'indique son nom.

LE PIC NOIR. (*Pl.* 10, *fig.* 8.) — Il est de la taille d'une corneille, son plumage est d'un beau noir, le dessus de la tête est entièrement rouge dans le mâle; la femelle n'a qu'une légère tache de cette couleur. Il habite les forêts de sapins du nord de l'Europe.

LE PIC DE SAINT-DOMINGUE. (*Pl.* 10, *fig.* 7.) — Les parties supérieures de son corps sont jaune-olivâtre, le front et la gorge sont noirs, l'occiput porte une tache rouge, les ailes sont olive marquées de noir, le dessous du corps est olive clair, également marqué de noir.

LE TORCOL. (*Pl.* 9, *fig.* 12.) — Cet oiseau habite nos contrées; il est de la taille d'une alouette, son dos est brun ondé de noirâtre et de fauve, le dessous du corps est gris, rayé transversalement de noirâtre. Cet oiseau a les habitudes des pics. Lorsqu'il est pris, il tourne d'une manière bizarre sa tête et son cou en divers sens.

LE COUCOU CHANTEUR. (*Pl.* 10, *fig.* 10.)—Les coucous sont des oiseaux voyageurs qui vivent d'insectes. Ces oiseaux ne construisent pas de nids et n'élèvent pas leurs petits, attendu qu'ils changent souvent d'habitation, et qu'ils pondent très-fréquemment. La femelle du coucou dépose, à chaque ponte, un œuf dans le nid d'une espèce quelconque d'oiseaux insectivores ; l'étranger est couvé et nourri comme s'il faisait partie de la famille. Le coucou chanteur est celui qui passe plusieurs mois de la belle saison dans nos bois. Il est gris, son ventre est blanc rayé de noir en travers, la queue est tachetée de blanc sur les côtés.

LE TOUCAN A GORGE JAUNE. (*Pl.* 10, *fig.* 9.) — Les toucans frappent d'étonnement par la masse énorme de leur bec. Au premier abord on ne comprend pas comment ces oiseaux peuvent supporter un organe dont le poids semble devoir être considérable et qui ne répond pas au volume de la tête et du cou. Un pareil bec semble aussi devoir être une arme terrible : mais tout s'éclaircit en examinant la structure de ce bec, il est d'une grande légèreté, parce que son intérieur est celluleux. Nous ne connaissons pas encore assez les mœurs des toucans pour comprendre la cause qui a nécessité le développement monstrueux de cet organe ; mais on peut présumer qu'il doit servir à saisir impunément des reptiles dangereux. Les toucans se nourrissent d'insectes et de fruits; ils lancent en l'air l'objet qu'ils vont avaler et le reçoivent dans la vaste ouverture de leur bec; le toucan à gorge jaune a le corps noir mêlé de vert, la gorge est d'un jaune verdâtre, le haut du ventre et les plumes tectrices de la queue sont d'un rouge vif; le bec est noir à sa base et gris dans le reste de son étendue, ses bords sont rougeâtres. Les toucans habitent le Brésil.

L'ARA BLEU. (*Pl.* 10, *fig.* 11.)—Les perroquets forment un genre très-nombreux en espèces, caractérisé par un bec gros, dur, solide, arrondi de toutes parts, entouré à sa base par une membrane dans laquelle sont percées les narines. La langue des perroquets est épaisse, charnue, arrondie, structure qui permet à ces oiseaux d'imiter la voix humaine. Les perroquets se nourrissent de fruits, ils grimpent aux branches en s'appuyant sur leur bec. Ils nichent dans les arbres creux.

L'ara bleu a le sommet de la tête, le dos, les ailes d'une belle couleur d'azur; la gorge, la poitrine et l'abdomen d'un jaune brillant, quelques plumes de cette couleur à l'épaule, le bec noir, la peau des joues nue, d'un blanc lavé de rose, une bande noire au haut de la gorge; il habite l'Amérique méridionale, et cause de grands dégâts dans les plantations de café.

PERRUCHE SAGITTIFÈRE A COLLIER. (*Pl.* 10, *fig.* 14.)—Son plumage est d'un vert pâle, la gorge et le collier sont noirs bordés de rose sur le cou; un trait noir s'étend du bec à l'œil. Les pennes primaires sont d'un vert foncé, celles de la queue sont d'un vert bleuâtre, les flancs tirent sur le jaune; le bec est rouge et noir à la pointe. Cette jolie perruche habite le Sénégal et l'Inde.

KAKATOÈS A HUPPE JAUNE. (*Pl.* 10, *fig.* 12.)—Plumage blanc, à l'exception de la huppe qui est jaune et formée de longues plumes effilées que l'oiseau redresse à volonté. Cet oiseau habite les Moluques.

KAKATOÈS A HUPPE BLANCHE. (*Pl.* 10, *fig.* 13.)—Huppe et plumage blancs; la base des couvertures et des pennes de la queue est jaune; bec et pieds noirs; même pays.

PERRUCHE ÉCAILLÉE. (*Pl.* 10, *fig.* 15.)— Le plumage de cet oiseau est rouge avec une partie des plumes bordées de vert noirâtre, les pennes des ailes et de la queue sont cramoisies, les couvertures des ailes sont violettes ainsi que les cuisses. Cet oiseau, que Buffon avait classé dans les loris, habite les îles Moluques.

QUATRIÈME ORDRE. — LES GALLINACÉS.

C'est le coq, ce fier monarque de nos basses-cours, qui est le type des oiseaux de cet ordre. Les gallinacés ont, comme lui, la mandibule supérieure du bec voûtée, les narines percées dans un vaste espace membraneux de la base du bec, et recouvertes par une écaille membraneuse; la queue a souvent de quatorze à dix-huit pennes. A l'exception des alectors, tous les gallinacés de la famille des phasianées nichent à terre, le mâle ne s'occupe pas des petits] qui courent et prennent leur nourriture dès l'instant qu'ils sortent de l'œuf.

L'ordre des gallinacés a deux familles : les phasianées et les colombacées.

PREMIÈRE FAMILLE. — LES PHASIANÉES.

Corps lourd, vol difficile, une longue queue ornée chez les mâles.

LE PAON DOMESTIQUE, (*Pl.* 11, *fig.* 4.) — Les paons ont pour caractères : une aigrette sur la tête, les couvertures de la queue du mâle plus alongées que les pennes et pouvant se relever pour faire la roue. Le paon est originaire de l'Inde; il a été introduit en Europe par Alexandre-le-Grand. Les individus sauvages surpassent beaucoup par leur éclat ceux que nous élevons dans nos maisons. Le bleu, le vert doré, l'or, le pourpre règnent sur leurs pennes marquées de larges disques formés de cercles concentriques différemment nuancés.

L'ÉPERONNIER. (*Pl.* 11, *fig.* 6.)—L'éperonnier est un paon qui vit à la Chine et au Japon ; son nom lui vient de deux énormes ergots qui arment les pieds du mâle. Le plumage de l'éperonnier a le fond brun : la queue, qui ne se relève pas en roue, mais qui est composée de pennes droites, est semée de taches brillantes pourpre et or, à reflets bleus et verts; un cercle noir et un cercle orangé entourent ces taches : les ailes et le dos sont ornés de taches semblables parfaitement rondes.

LE DINDON. (*Pl.* 11, *fig.* 7.)—Le dindon sauvage habite les forêts de l'Amérique méridionale ; dans son état de nature, c'est un bel oiseau dont le plumage brille d'un éclat métallique à reflets dorés, verts et pourpres; sa queue a des marques rondes couleur de rubis et de saphir, entourées de cercles d'or. Le dindon de nos basses-cours est bien dégénéré depuis son introduction en Europe, qui date du xvi⁰ siècle ; il ne lui reste plus de la parure de sa race que cette peau rouge et mamelonnée qui surmonte la tête, revêt le cou et flotte au dessous du bec ; son plumage est noir ou blanc, un pinceau de poils noirs et rudes pend au bas du cou du mâle.

LA PINTADE MÉLÉAGRE. (*Pl.* 11, *fig.* 10.)—Cet oiseau, originaire d'Afrique, s'est multiplié dans nos basses-cours ; son plumage est ardoisé, couvert partout de taches rondes et blanches. Sa queue est courte, pendante, les plumes du dos sont très-fournies, la tête porte une crête calleuse, et des barbillons charnus pendent au bas des joues.

LE COQ. (*Pl.* 11, *fig.* 3.)—Le coq et la poule font partie du genre faisan ; ces oiseaux varient à l'infini pour les couleurs du plumage ; dans quelques espèces la crête est remplacée par une touffe de plumes. Le coq a la queue ornée, dans toutes les espèces, de plumes effilées et recourbées.

LE FAISAN DORÉ. (*Pl.* 11, *fig.* 5.) — Cet oiseau, originaire de la Chine, et qui a dû être extrêmement rare chez les anciens, est celui que Pline décrit sous le nom de phénix. Le ventre du faisan doré est d'un rouge de feu éclatant, une huppe d'or orne la tête ; le cou est revêtu d'une collerette orangée, maillée de noir ; le haut du dos est vert, le bas et le croupion sont jaunes, les ailes sont rousses avec une belle tache bleue, la queue est très-longue, brune et tachetée de gris.

LE FRANCOLIN. (*Pl.* 11, *fig.* 9.)—Cet oiseau, du genre perdrix, a les pieds rouges ; le cou et le ventre du mâle sont noirs avec des taches rondes et blanches ; le cou porte un collier d'un roux vif. On trouve le francolin dans tout le midi de l'Europe.

LA PERDRIX ROUGE (*Pl.* 11, *fig.* 8.) —Elle habite nos campagnes, surtout celles du midi ; elle a le bec et les pieds rouges, le dos brun, les flancs maillés de roux et de cendré, la gorge blanche encadrée de noir. Cette perdrix recherche les collines et les lieux élevés.

DEUXIÈME FAMILLE. — LES COLOMBACÉES.

Corps élancé, ailes longues, vol puissant.

LE PIGEON NONAIN. (*Pl.* 11, *fig.* 1.) Les pigeons sont monogames ; ils nichent sur les arbres ou dans des creux de murailles, de rochers ; ils pondent deux œufs à la fois, mais font plusieurs pontes par an ; le mâle couve comme la femelle. Les pigeons domestiques ont des variétés nombreuses ; le nonain, qui en est une, se distingue par un capuchon de plumes qui se relève des côtés et du derrière du cou et encadre la tête.

LA TOURTERELLE. (*Pl.* 11, *fig.* 2.) — Le dos de la tourterelle est fauve, le cou porte un demi-collier noir, le ventre est blanc.

CINQUIÈME ORDRE. — LES ÉCHASSIERS.

On les reconnaît à leurs longues jambes nues, destinées à courir sur la vase des marais, sur les rivages de la mer ou des eaux douces, et dans quelques espèces sur le sable brûlant des déserts. Ces oiseaux ont un cou très-long; ils vivent de poissons, d'insectes et de reptiles; un petit nombre se contentent de graines et d'herbe. La plupart des échassiers volent très-bien. Cet ordre a cinq familles.

PREMIÈRE FAMILLE — LES BRÉVIPENNES

Ailes si courtes qu'elles ne peuvent servir pour le vol. Pas de pouces aux pieds.

L'AUTRUCHE. (*Pl.* 11. *fig.* 11.) — C'est le plus grand des oiseaux ; il atteint jusqu'à huit pieds de hauteur. Il vit en grandes troupes dans les déserts de l'Afrique et de l'Arabie. L'autruche pond des œufs du poids de trois livres; sous l'équateur, elle se contente de creuser un trou dans le sable, et elle les abandonne à l'action, suffisamment active du soleil, qui les fait éclore; au delà des tropiques, l'autruche couve avec soin. Cet oiseau ne vole pas, mais il court en étendant les ailes qui lui servent comme de voiles, et sa rapidité est telle que le meilleur cheval au galop ne saurait l'atteindre. Le plumage de l'autruche est blanc, excepté aux ailes, qui sont nuancées de noir. Les plumes des ailes de cet oiseau sont composées de barbes courtes et frisées; elles sont très-recherchées comme parure.

LE NANDA. (*Pl.* 11, *fig.* 12.) — Le nanda ou autruche d'Amérique est de moitié plus petit que l'autruche d'Afrique; ses mœurs sont semblables; le nanda porte trois doigts aux pieds; l'autruche n'en a que deux. Son plumage est brun et gris; une ligne noire descend le long du cou du mâle. Cet oiseau habite les déserts de l'Amérique du sud.

LE CASOAR A CASQUE. (*Pl.* 11, *fig.* 13.) — A peine si ces oiseaux ont un rudiment d'ailes, leurs plumes ressemblent à des crins tombants. Le casoar à casque a trois doigts à chaque pied ; son plumage est noir ; sa tête est surmon-

OISEAUX.

tée d'une proéminence osseuse, recouverte d'une substance cornée; la peau de la tête et du haut du cou est nue, teinte en bleu céleste et en rouge de feu, avec des caroncules pendantes. Cet oiseau habite la Malaisie.

DEUXIÈME FAMILLE. — LES PRESSIROSTRES.

Bec comprimé, assez fort pour percer la terre et y saisir les vers.

LA CANNEPETIÈRE (*Pl.* 11, *fig.* 14.) — Cet oiseau du genre outarde est brun, piqueté de noir en dessus, blanchâtre dessous; le mâle a le cou noir avec deux colliers blancs.

L'OUTARDE (*Pl.* 11, *fig.* 15.) — Le plumage est d'un fauve-vif, traversé de traits noirs sur le dos, gris sur tout le reste du corps. Le mâle de l'outarde est le plus gros des oiseaux d'Europe; il a les plumes des oreilles alongées et formant des deux côtés des espèces de grandes moustaches. L'outarde et la cannepetière habitent le nord de la France, la Belgique et l'Allemagne; elles nichent à terre, dans les blés; elles ne quittent pas les plaines; on les chasse avec des chiens courants.

TROISIÈME FAMILLE. — LES CULTRIROSTRES.

Le bec gros, long, fort, souvent tranchant et pointu.

LA GRUE COURONNÉE (*Pl.* 12, *fig.* 1.) — Les grues ont le bec droit, peu fendu; leur nourriture consiste plus en végétaux qu'en insectes. La grue couronnée, ou oiseau royal, a quatre pieds de haut, son dos est cendré, son croupion fauve, ses ailes blanches, son ventre noir; la tête porte une longue aigrette mobile de plumes jaunes, très-effilées. La voix de cette oiseau ressemble au son d'une trompette. Il habite la côte occidentale d'Afrique.

LE COURALE. (*Pl.* 12, *fig.* 11.) — Cette grue n'est que de la taille d'une perdrix; son plumage est nuancé par bandes et par lignes de brun, de fauve, de roux, de gris et de noir. On la trouve à la Guiane.

LE HÉRON GRANDE AIGRETTE. (*Pl.* 12, *fig.* 3.) — Les hérons ont le bec fendu jusque sous les yeux; leur cou très-mince est garni vers le bas de longues plumes pendantes. Ces oiseaux sont tristes ; ils pêchent et se perchent au bord des rivières ; ils détruisent beaucoup de poissons. Le héron grande aigrette est entièrement blanc. Il habite l'Europe.

LE BUTOR. (*Pl.* 12, *fig.* 4.) — Ce héron est fauve-doré, tacheté et pointillé de noirâtre ; il se tient dans les roseaux d'où il fait entendre une voix terrible qui lui a valu le nom de bos-taurus, qui est l'origine de notre mot butor. Lorsqu'il se repose, il tient la tête en l'air, le bec dirigé vers le ciel. Il habite l'Europe.

LA SPATULE BLANCHE HUPPÉE, (*Pl.* 12, *fig.* 5.) — Les spatules ne diffèrent des cigognes que par leur bec long, plat, et terminé à chaque mandibule par un disque arrondi, ce qui le rend propre à fouiller la vase et à pêcher des petits poissons et des insectes d'eau. La spatule vit en Europe, en Afrique et en Asie ; elle niche sur les arbres élevés. Son plumage est entièrement blanc.

QUATRIÈME FAMILLE. — LES LONGIROSTRES.

Elle se compose de plusieurs genres d'échassiers dont le bec long et grêle est disposé pour fouiller dans la vase et y saisir les vers et les insectes.

L'IBIS SACRÉ. (*Pl.* 12, *fig.* 6.) — Les Égyptiens rendaient un culte de reconnaissance à cet oiseau, parce que son apparition annonçait la crue du Nil, et aussi parce qu'il détruisait les reptiles. On le nourrissait dans les temples comme emblème vivant de Thoth, divinité qui était la personnification de l'intelligence humaine appliquée à l'étude des sciences et aux découvertes utiles. L'ibis était soigneusement embaumé ; on le déposait dans les nécropolis où ses momies se trouvent aujourd'hui en abondance. On trouve l'ibis sacré en Éthiopie ; son plumage est blanc ; l'extrémité des grandes pennes des ailes est noire ; les dernières couvertures ont des barbes alongées, effilées, d'un noir à reflets violets.

LE COURLIS D'EUROPE. (*Pl.* 12, *fig.* 7.) — Le courlis a le bec arqué ; il est brun ; le bord de chaque plume est blanchâtre ; le croupion est blanc ; la queue est rayée de blanc et de brun. Il est commun sur les côtes.

LA BÉCASSE. (*Pl.* 12, *fig.* 8.) — Son plumage est varié en dessus de bandes grises, rousses et noires, en dessous

de gris à lignes transverses noirâtres. La bécasse habite les hautes montagnes pendant l'été ; elle descend des bois dans les plaines au mois d'octobre. Elle se tient sur le bord des marais et des ruisseaux ; sa voix ressemble au cri de la chèvre.

LE BÉCASSEAU COMBATTANT. (*Pl.* 12, *fig.* 9.) — Le plumage de cet oiseau est très-variable ; au printemps il est brun, semé de taches noires ; la tête se couvre de papilles rouges, et le cou se garnit d'une épaisse crinière de plumes dont les nuances ne sont jamais semblables dans deux individus. En hiver, les mâles et les femelles se ressemblent : ils sont variés de brun, de gris et de cendré. Ces oiseaux habitent les marais d'Europe.

L'AVOCETTE (*Pl.* 12, *fig.* 10.) — L'avocette d'Europe est remarquable par son bec recourbé en haut. Cet oiseau est blanc, avec une calotte noire et trois bandes noires sur l'aile. On le trouve en hiver sur les côtes de la mer.

CINQUIÈME FAMILLE. — LES MACRODACTYLES.

Doigts des pieds longs, forts et disposés pour marcher sur les plantes aquatiques, et même pour nager. Bec comprimé par les côtés, ailes courtes, vol faible.

LE KAMICHI (*Pl.* 12, *fig.* 14.) — Cet oiseau habite Cayenne et le Brésil ; il est un peu plus volumineux qu'une oie ; sa tête porte une corne mince et mobile ; chaque aile est armée d'un ergot très-fort. Son plumage est noir avec une tache rousse à l'épaule. Le kamichi habite par paires dans les lieux inondés ; sa voix est très-éclatante. Il se nourrit d'herbes, de graines et d'insectes.

LA POULE D'EAU. (*Pl.* 12, *fig.* 12.) — Le dessus du corps est brun-foncé, le dessous est gris d'ardoise, avec du blanc aux cuisses, le long du milieu du bas-ventre, et au bord extérieur de l'aile ; la base du bec recouvre le front en forme d'écusson. La poule d'eau vit dans les marais ; elle nage parfaitement ; elle se nourrit d'insectes et de petits poissons ; elle habite l'Europe.

LA POULE SULTANE. (*Pl.* 12, *fig.* 13.) — La poule sultane est un bel oiseau d'Afrique, naturalisé aujourd'hui dans plusieurs îles et sur les côtes de la mer Méditerranée. Son plumage est nuancé de violet, de bleu et de vert.

LE FLAMMANT D'EUROPE. (*Pl.* 12, *fig.* 15.) — Le flammant est un oiseau dont les formes sont singulières; ses jambes ont une hauteur excessive; les trois doigts de devant sont palmés jusqu'au bout, et le doigt de derrière est excessivement court. Le bec est un ovale ployé longitudinalement en canal demi-cylindrique dans la mandibule inférieure, tandis que la mandibule supérieure est plate et ployée en travers dans son milieu pour rejoindre l'autre exactement. Le flammant est haut de quatre pieds; il est rouge-pourpre sur le dos, rose sur les ailes; les pennes des ailes sont noires. Cet oiseau habite tout l'ancien continent; il vit par troupes nombreuses.

SIXIÈME ORDRE. — LES PALMIPÈDES.

Les membres postérieurs des palmipèdes sont organisés pour la natation : ils sont implantés sur l'arrière du corps, ont le pied court et les doigts palmés jusqu'aux ongles, c'est-à-dire réunis entre eux par une membrane. Leur plumage est serré, imbibé d'un suc huileux qui les garantit du contact de l'eau; leur cou est très-long, afin qu'ils puissent prendre leur nourriture sans cesser de nager. Cet ordre a quatre familles.

PREMIÈRE FAMILLE. — LES PLONGEURS.

Ailes très-courtes. Habitation constante sur les eaux et les rivages.

LE GRAND GUILLEMOT. (*Pl.* 13, *fig.* 3.) — Il est de la taille d'un canard; sa tête et son cou sont bruns, son dos et ses ailes noires, son ventre blanc. Il habite les côtes septentrionales de l'Europe.

LE PINGOUIN COMMUN. (*Pl.* 13, *fig.* 2.) — Dos noir, ventre blanc, une ligne blanche sur l'aile; taille du canard. Côtes d'Europe.

ÉCHASSIERS — CULTRIROSTRES.

LES LONGIROSTRES.

LES MACRODACTYLES.

LE GRAND MANCHOT. (*Pl.* 13, *fig.* 1.) — Il est de la taille d'une oie ; son plumage est ardoisé en dessus, blanc en dessous ; le haut et la tête sont noirs, entourés d'une cravatte d'un beau jaune citron. Cet oiseau, qui se tient perpendiculairement, et ne peut voler à cause de la brièveté de ses ailes, habite les côtes de l'océan Pacifique et des îles de la mer du Sud.

DEUXIÈME FAMILLE. — LES LONGIPENNES.

Elle se compose d'oiseaux de haute-mer, dont les ailes sont très-étendues et qui ont le bec crochu à sa pointe.

LE PÉTREL GRIS-BLANC. (*Pl.* 13, *fig.* 4.) — Il est de la taille d'un gros canard ; le dos est cendré ; le reste du corps est blanc. Il habite sur les côtes des îles britanniques.

L'ALBATROS. (*Pl.* 13, *fig.* 5.) — C'est le plus grand des oiseaux de mer ; son plumage est blanc et ses ailes noires ; sa voix est aussi forte que celle de l'âne ; il fait une chasse continuelle aux poissons volants dans les mers australes.

TROISIÈME FAMILLE. — LES TOTIPALMES.

Pouce réuni aux autres doigts par une membrane, ce qui ne les empêche pas de se percher sur les arbres.

LE PÉLICAN. (*Pl.* 13, *fig.* 6.) — Les pélicans ont un bec remarquable par sa grande longueur ; la mandibule inférieure soutient un sac membraneux, dilatable qui leur sert de réservoir d'eau et de garde-manger. Le pélican est de la taille du cygne ; son plumage est blanc.

LE CORMORAN. (*Pl.* 13, *fig.* 8.) — Il est d'un brun noir ondé de noir plus foncé sur le dos, mêlé de blanc sur le devant du cou ; le mâle est huppé. Le cormoran est de la taille de l'oie.

LA FRÉGATE. (*Pl.* 13, *fig.* 7.) — La frégate est noire variée de blanc sous la gorge et le cou ; elle a de dix à douze pieds d'envergure; elle s'éloigne quelquefois des côtes de plus de cinquante lieues en poursuivant les poissons volants.

L'OISEAU DU TROPIQUE. (*Pl.* 13, *fig.* 9.) — On le reconnaît à deux pennes étroites, très-longues, qui dépassent de beaucoup la queue et ressemblent de loin à une paille, aussi les marins le désignent sous le nom de paille-en-queue. Cet oiseau est de la taille d'un pigeon ; son plumage est blanc varié de noirâtre. Il habite les terres tropicales.

L'ANHINGA. (*Pl.* 13, *fig.* 10.) — Il est de la taille d'un canard ; il niche sur les arbres ; son cou très-long est terminé par une petite tête et un bec droit et pointu. Son plumage est blanc varié de noir.

QUATRIÈME FAMILLE. — LES LAMELLIROSTRES.

Bec large, plat, garni de lames sur ses bords. Ces oiseaux vivent de préférence sur les eaux douces.

LE CANARD HUPPÉ. (*Pl.* 13, *fig.* 12.) — Cette espèce habite les bords de la mer Caspienne ; elle a le dos brun, le ventre noir, du blanc aux flancs et à l'aile, la tête rousse ornée d'une huppe.

LA SARCELLE. (*Pl.* 13, *fig.* 14.) — Elle est commune sur les étangs ; son plumage est gris, maillé de noir ; un trait blanc entoure l'œil.

LE CANARD DE LA CHINE. (*Pl.* 13, *fig.* 15.) — Le mâle de cet oiseau aquatique a la tête ornée d'un superbe panache vert et pourpre, qui se recourbe avec grace jusque sur le dos. Le cou et les côtés de la face sont garnis de plumes rouges ; la poitrine est d'un beau roux pourpre, les pennes des ailes sont noires, bordées de blanc ; une d'elle se relève sur le dos, a des barbes longues très-fournies, et d'un rouge orangé.

LE CYGNE. (*Pl.* 13, *fig.* 11.) — Ce bel oiseau, si gracieux, qui fait l'ornement des bassins de nos promenades publiques, était autrefois très-commun dans notre pays, à l'époque où la population antique de la Gaule, peu multipliée, avait laissé subsister les vastes forêts qui couvraient plus des deux tiers du territoire. La Seine particulièrement était couverte de cygnes ; aujourd'hui ils sont relégués dans le nord et ne nous visitent que passagèrement. Cependant, en 1818, j'ai vu

OISEAUX.
ORDRE ... LES PALMIPÈDES
LES PLONGEURS
LES TOTIPALMES
LES LONGIPENNES

un nid de cygnes sauvages sur l'étang de St-Gratien, avant l'établissement des thermes d'Enghien. Tout le monde connaît l'éclatante blancheur du cygne, passée même en proverbe; qui n'a pas admiré cet oiseau voguant majestueusement sur les bassins des Tuileries, l'œil fier, le cou gracieusement recourbé, les ailes à demi ouvertes pour s'aider du souffle des vents. La Nouvelle-Hollande produit des cygnes noirs.

L'OIE DE GUINÉE. (*Pl.* 13. *fig*. 12.) — Son corps est gris-blanchâtre et son dos gris-brun; un fanon de plumes pend sous le bec du mâle.

Dixième Leçon.

LES REPTILES.

LES CHÉLONIENS, LES SAURIENS, LES OPHIDIENS ET LES BATRACIENS.

A mesure que nous nous éloignons des quadrumanes et que nous descendons l'échelle animale, nous voyons l'organisation se simplifier : ainsi les reptiles commencent à se soustraire aux conditions générales de la vie des deux classes supérieures, leur circulation est lente, incomplète; une partie du sang seulement passe dans leurs poumons; ils peuvent aspirer un air peu chargé d'oxigène qui serait mortel pour les mammifères et les oiseaux. C'est à ces particularités que les reptiles doivent d'avoir existé dès les premiers âges du globe et d'avoir été créés long-temps avant nous. Les reptiles sont ovipares, mais il ne couvent pas leurs œufs. Les reptiles ont cela de singulier qu'ils n'ont pas besoin de cerveau pour vivre, au moins quelque temps. Reddi enleva la tête d'une tortue qui vécut cependant encore trois mois et ne mourut que par le manque de nourriture, elle marchait sans éprouver d'autre inconvénient que celui d'être privée de la vue. Chez la plupart des reptiles, un membre retranché est en peu de temps remplacé par un autre et quelquefois par deux; si l'on arrache la queue d'un lézard ou la patte d'une salamandre, on en voit une autre repousser. Les reptiles sont solitaires, tristes; ils glacent lorsqu'on les touche; plusieurs donnent une mort rapide par leur morsure; c'est ce qui rend ces animaux un objet d'horreur et d'aversion générale. Rien n'est plus variable que les reptiles pour les formes, la manière de se développer, le genre de vie, les lieux d'habitation. Les uns vivent dans l'eau, comme les crocodiles, les tortues aquatiques, les grenouilles; les autres dans des lieux humides, ceux-ci dans les rochers les plus arides et les plus exposés au soleil; ceux-là dans l'obscurité, comme les protées. Les reptiles ne varient pas moins sous le rapport de l'enveloppe extérieure. Les tortues ont le corps couvert de boucliers osseux revêtus d'écaille ou de cuir; les crocodiles, les serpents sont revêtus d'écailles; les batraciens ont la peau nue. Quant à la distribution de ces êtres sur le globe, il est à remarquer que les contrées équatoriales sont celles qui nourrissent la plus grande quantité d'espèces, les plus grandes, et, parmi les serpents, les plus venimeux. La classe des reptiles se divise en quatre ordres : 1° les chéloniens ou tortues; 2° les sauriens ou lézards; 3° les ophidiens ou serpents; 4° les batraciens.

PREMIER ORDRE. — LES CHÉLONIENS.

Un double bouclier osseux qui renferme le corps et ne laisse passer que la tête, les pieds et la queue. Le bouclier supérieur s'appelle carapace; il est formé par les côtes; le bouclier inférieur se nomme plastron; il est composé de neuf pièces qui appartiennent au sternum ou os du devant de la poitrine. Les tortues n'ont pas de dents. Elles peuvent rester plusieurs années sans manger.

LA TORTUE GRECQUE. (*Pl.* 14, *fig.* 3.) — C'est l'espèce la plus commune en Europe; elle vit sur les rivages de toute la circonférence de la mer Méditerranée. Cette tortue est terrestre; sa taille est d'un pied de long; sa carapace est large, bombée; ses écailles sont marbrées de jaune et de noir. La tortue grecque vit de feuilles, de fruits, d'insectes et de vers.

LA TORTUE D'EAU DOUCE D'EUROPE. (*Pl.* 14, *fig.* 2.) — Elle est répandue dans toute l'Europe orientale ; sa carapace est ovale, lisse, noirâtre, variée de points jaunâtres disposés en rayons. Sa taille est de dix pouces. On la trouve dans les lacs.

LA TORTUE FRANCHE. (*Pl.* 14, *fig.* 1.) — La tortue franche est la plus grande de toutes les tortues ; elle a jusqu'à sept pieds de long, et pèse huit cents livres. Sa chair est un met aussi sain que délicat. La carapace de cette tortue est couverte d'écailles hexagonales verdâtres. Ce grand chélonien habite les côtes des mers de la zone torride ; il vit en troupes et pait les plantes marines au fond de la mer, vers l'embouchure des fleuves. Ses œufs sont exposés au soleil sur le sable.

ORDRE DEUXIÈME. — LES SAURIENS.

Les sauriens ont le corps alongé, couvert d'écailles, soutenu par quatre membres et terminé par une queue plus ou moins longue. Cet ordre est subdivisé en plusieurs familles.

PREMIÈRE FAMILLE. — LES CROCODILIENS.

Queue aplatie latéralement ; taille de plusieurs pieds ; un rang de dents pointues à chaque mâchoire.

LE CROCODILE DU NIL. (*Pl.* 14, *fig.* 4.) — Ce saurien est le champsès des anciens Égyptiens ; sa taille est de douze à quatorze pieds de longueur ; dix-sept rangées de plaques écailleuses égales s'étendent le long de son dos. Le champsès habite tous les grands fleuves de l'Afrique ; il répand une forte odeur de musc ; la femelle pond trois fois par an une vingtaine d'œufs à chaque ponte ; elle les enterre dans le sable, les surveille, et ils éclosent dans un intervalle de quinze à vingt jours, la mangouste ichneumon détruit un grand nombre de ces œufs. Ce crocodile est carnassier et redoutable dans l'eau ; il attaque les hommes et les animaux et les entraine au fond du fleuve pour les noyer avant de les dévorer.

6

DEUXIÈME FAMILLE. — LES LACERTIENS.

Langue mince, extensible, divisée en deux filets comme celle des couleuvres. Pieds à cinq doigts armés d'ongles inégaux.

LE LÉZARD VERT. (*Pl.* 14, *fig.* 5.) — Il est commun aux environs de Paris, dans le midi de la France, en Espagne, en Italie et en Grèce. Ce lézard, long de plus d'un pied, est d'un beau vert avec des lignes de points noirs ; son ventre et ses flancs sont jaunâtres. Le lézard vert habite les bois sablonneux. Il se nourrit d'insectes.

TROISIÈME FAMILLE. — LES IGUANIENS.

Langue charnue, épaisse, non divisée.

LE FOUETTE-QUEUE D'ÉGYPTE. (*Pl.* 14, *fig.* 6.) — Sa taille est de trois pieds ; son corps renflé est d'un beau vert ; les cuisses et la queue sont épineuses.

L'IGUANE D'AMÉRIQUE. (*Pl.* 14, *fig.* 8.) — Sa taille est de cinq pieds, son dos est vert-jaunâtre, marbré de vert foncé ; le dessous est plus pâle. Ce lézard vit dans l'Amérique méridionale, où sa chair est regardée comme un met exquis.

QUATRIÈME FAMILLE. — LES GECKOTIENS.

Yeux disposés pour voir pendant la nuit, doigts larges, garnis en dessous de replis qui servent à les faire adhérer sur les surfaces les mieux polies ; ongles rétractiles.

LE GECKO DES MURAILLES. (*Pl.* 14 *fig.* 7.) — Il est gris-foncé ; le dessus du corps est parsemé de tubercules.

Ce lézard est repoussant ; il habite les tas de pierres, les trous de murailles ; il est toujours souillé de poussière. On le trouve sur tout le littoral de la mer Méditerranée.

CINQUIÈME FAMILLE. — LES CAMÉLÉONIENS.

Couleur de la peau changeant selon les passions de l'animal, ce qui provient de l'amplitude du poumon qui se charge plus ou moins d'air, colore le sang plus vivement et le fait refluer en quantité plus ou moins considérable dans la peau qui est transparente.

LE CAMÉLÉON ORDINAIRE. (*Pl.* 14, *fig.* 10.) — On le trouve en Espagne, en Afrique et dans l'Inde ; la peau de sa tête forme un capuchon pointu, relevé en avant d'une arête ; une crête dentée s'étend sur le dos ; la queue est prenante ; le caméléon vit sur les arbres.

ORDRE TROISIÈME. — LES OPHIDIENS OU SERPENTS.

Ces reptiles n'ont pas de membres ; ils se meuvent au moyen des replis que leur corps fait sur le sol.

LES SERPENTS.

Ils se divisent en venimeux et non venimeux. Les venimeux ont dans la bouche des glandes qui produisent le venin, et tantôt des dents creuses, tantôt des crochets mobiles également creux, pour le verser dans la blessure que ces reptiles font à leurs ennemis.

Les serpents non venimeux ont quatre rangées de dents fixes au palais et deux rangées à la mâchoire inférieure.

SERPENTS NON VENIMEUX.

LE BOA CONSTRICTOR. (*Pl.* 14, *fig.* 11.) — Cet immense reptile, dont la longueur est quelquefois de quarante pieds, est reconnaissable à une chaîne de taches hexagonales noires, et de taches ovales d'un brun pâle, qui forme un dessin élégant sur le dos. On trouve le constrictor en Afrique; il se cache dans les hautes herbes et saisit des gazelles qu'il écrase dans ses replis; sa mâchoire se dilate horriblement pour avaler cette proie qu'il a préalablement enduite d'une salive visqueuse: il lui faut plusieurs jours pour l'engloutir, et il tombe dans un engourdissement complet, tant que dure sa digestion.

LA COULEUVRE A COLLIER. (*Pl.* 14, *fig.* 15.) — Elle est commune dans nos prés; sa peau est cendrée avec des taches noires le long des flancs; trois taches blanches forment un collier sur le derrière du cou.

SERPENTS VENIMEUX.

LE SERPENT A SONNETTES. (*Pl.* 15, *fig.* 1.) — Les crotales ou serpents à sonnettes sont célèbres pour l'atrocité de leur venin qui donne une mort presque instantanée, et par l'appareil bruyant qu'ils portent à l'extrémité de la queue. Cet appareil est formé de plusieurs pièces écailleuses dont le nombre augmente avec l'âge, qui résonne lorsque le crotale marche ou remue la queue. Le crotale horrible habite les États-Unis; il est brun avec des bandes transversales noirâtres irrégulières.

LE TRIGONOCEPHALE JAUNE. (*Pl.* 15, *fig.* 2.) — Il est jaune varié de brun; sa longueur est de sept pieds; il habite les champs de cannes à sucre, aux Antilles. Sa morsure est très-redoutable.

LA VIPÈRE COMMUNE. (*Pl.* 15, *fig.* 5.) — C'est le seul serpent venimeux des environs de Paris; elle est très-multipliée dans la forêt de Fontainebleau. La vipère est brune; elle a une rangée de taches noires sur chaque flanc, et des taches de la même couleur sur le dos. Une ligne noire brisée en forme de V. se trouve sur sa tête.

LE NAJA. (*Pl.* 14, *fig.* 12.) — Le naja ou serpent à lunettes se trouve dans l'Inde; son cou est très-dilaté; on y voit un arc noir, terminé par deux disques arrondis ; sa peau est jaunâtre, variée de brun.

LE LANGAHA. (*Pl.* 15, *fig.* 3.) — Sa tête est couverte de plaques ; son museau est saillant et pointu ; la moitié antérieure de la queue est enveloppée d'anneaux entiers. Il se trouve à Madagascar.

ORDRE QUATRIÈME. — LES BATRACIENS.

Le mot *batracien* vient du grec *batrachos*, qui signifie grenouille. Les animaux de cet ordre sont donc les grenouilles et les reptiles qui leur ressemblent. Dans la première période de leur existence, les batraciens respirent comme les poissons par des branchies ; à l'exception des syrènes, des protées et des menobranches, qui conservent toujours ces organes, les autres batraciens les perdent en passant à l'état d'animaux parfaits. La peau des batraciens est nue ; ces reptiles sont ovipares ; les petits, en sortant de l'œuf, sont imparfaits et prennent le nom de têtards.

LES GRENOUILLES.

Dans leur état parfait, les grenouilles ont une tête plate, une gueule très-fendue, un corps volumineux, arrondi, dénué de côtes, quatre membres dont les postérieurs sont très-longs et aussi appropriés au saut qu'à la natation. Le têtard au moment où il naît, a une longue queue, des branchies pour respirer et la bouche armée d'un bec de corne. Au bout de quelque temps, les pattes de derrière paraissent, grandissent, puis les pattes de devant se développent d'abord sous la peau, la queue diminue et disparaît sans tomber, parce qu'elle est résorbée par des vaisseaux absorbants, le bec tombe, les branchies s'anéantissent ; les pattes antérieures percent la peau, et la grenouille a subi toutes ses transformations. Il n'est pas jusqu'au genre d'alimentation qui ne change complètement. Le têtard se nourrit d'herbes, et la grenouille ne vit que d'insectes. En hiver les grenouilles s'enfoncent dans la vase et y demeurent sans respirer ; en été elles meurent immédiatement si elles restent quelques instants privées d'air.

LA GRENOUILLE VERTE. (*Pl.* 15, *fig.* 13.) — Elle est d'un beau vert tacheté de noir; trois raies jaunes ornent le dos; le ventre est jaunâtre. Cette grenouille est commune dans toutes les eaux dormantes; on mange sa chair.

LA RAINETTE BICOLORE (*Pl.* 15, *fig.* 12.) — Son dos est bleu-céleste et son ventre rose. Cette jolie grenouille habite l'Amérique méridionale.

LE CRAPAUD (*Pl.* 15, *fig.* 14.) — Les crapauds ont un corps volumineux, un ventre proéminent; leur peau est couverte de verrues; derrière l'oreille est un gros bourrelet percé de pores qui laissent suinter une liqueur laiteuse et fétide. Ces animaux ont un aspect hideux et repoussant, mais c'est à tort qu'on les accuse d'être venimeux.

Le crapaud commun est gris-roussâtre; son dos est couvert de tubercules gros comme des lentilles. Le ventre porte des verrues plus petites. Ce reptile se plaît dans les lieux humides et obscurs; il passe l'hiver engourdi dans des trous qu'il creuse en terre. La femelle fait sa ponte dans l'eau; le têtard est noir et très-petit. Le crapaud vit de dix-huit à vingt ans; il met quatre ans à s'accroître.

LE CRAPAUD CORNU. (*Pl.* 15, *fig.* 11.) — Ce reptile a une forme monstrueuse; il est d'une grande taille, cinq pouces de longueur; sa tête égale presque en dimension le reste du corps; au dessus des yeux sont deux épines qui s'élèvent comme des cornes. La peau est verte nuancée de brun. Il habite la Guyane.

LE CRAPAUD VARIABLE. (*Pl.* 15, *fig.* 15.) — Sa peau porte peu de tubercules; elle est blanchâtre nuancée de vert, mais elle a la propriété de changer de nuances, selon que l'animal veille ou dort, est à l'ombre ou au soleil; elle passe alors du jaune au vert et au brun. Ce crapaud est rare aux environs de Paris, mais il est commun en Allemagne.

LES SIRÈNES.

Ces reptiles ont la forme des anguilles; ils ont des pattes antérieures, à quatre doigts.

LA SIRÈNE LACERTINE. (*Pl.* 15, *fig.* 9.) — Sa longueur est de trois pieds; elle est noirâtre: on la trouve à la Caroline dans les eaux des marais et des rivières. Elle se nourrit de vers et d'insectes.

Onzième Leçon.

LES POISSONS.

LES ACANTHOPTÉRIGIENS. — LES MALACOPTÉRIGIENS ABDOMINAUX. — LES MALACOPTÉRIGIENS SUBBRACHIENS. — LES CHONDROPTÉRIGIENS.

La quatrième et dernière classe des vertébrés est la classe des poissons ; ici l'organisation va changer avec le lieu destiné à servir d'habitation à l'animal ; nous ne trouverons plus de membres pour la marche, d'ailes pour parcourir l'air, de poumons pour respirer : le corps s'alonge, il prend la forme de deux cônes qui seraient réunis par leur base, afin de pouvoir fendre l'eau plus facilement ; il s'entoure de rames nommées nageoires ; il se termine en une queue mobile de droite à gauche, munie d'une nageoire plate qui devient un gouvernail précieux pour virer de bord et changer de direction. Des branchies sont disposées pour la respiration. Tout est calculé pour que le poisson soit parfaitement approprié au milieu dans lequel il doit vivre. On appelle branchies les organes respiratoires des poissons ; ce sont des feuillets membraneux, composés d'un grand nombre de lames celluleuses parcourues par des milliards de vaisseaux sanguins microscopiques. Ces organes communiquent intérieurement avec la bouche, et sont recouverts extérieurement par un opercule formé de plusieurs pièces, opercule que le vulgaire désigne sous le nom d'ouies.

Les poissons ne respirent pas l'air, mais l'eau ; ils introduisent ce liquide dans leur bouche, le font refluer dans les branchies qui s'emparent de l'air qui y est contenu, et peut-être décomposent l'eau en partie pour prendre une portion de son oxigène ; l'eau sort ensuite par l'ouverture de l'opercule.

Les nageoires des poissons portent différents noms d'après leur position ; celles qui sont fixées à la poitrine sont les nageoires pectorales ; on appelle ventrales celles qui s'attachent à l'abdomen ; dorsales, les nageoires placées sur le dos ; anales, les nageoires qui se trouvent près de l'ouverture extérieure de l'intestin ; enfin nageoires caudales, celles qui terminent la queue. Les nageoires sont membraneuses, elles sont soutenues par des rayons cartilagineux sur l'extrémité desquels s'attachent les muscles qui les font mouvoir. Outre ces organes de progression, un grand nombre de poissons portent sous l'épine dorsale une vessie qu'ils remplissent ou vident d'air à volonté, ce qui augmente ou diminue leur pesanteur et leur permet de monter et de descendre dans l'eau. Lorsque le poisson veut monter, il gonfle sa vessie natatoire ; l'air qu'elle contient fait équilibre à une partie de son poids et le rend plus léger. Lorsqu'au contraire il veut descendre dans la profondeur des eaux, il comprime sa vessie, la vide, devient plus pesant et descend par son propre poids.

L'œil et l'odorat sont les meilleurs des sens des poissons, le goût est à peu près nul, et le toucher ne réside que dans de petites portions de la peau, telles que les barbillons qui entourent la bouche de quelques espèces.

On divise les poissons en poissons osseux ou dont les arêtes sont résistantes, et poissons cartilagineux dont les arêtes sont molles et flexibles.

PREMIER ORDRE. — LES ACANTHOPTÉRIGIENS.

Ce mot signifie nageoires épineuses ; on reconnaît les acanthoptérigiens aux épines qui remplacent les premiers rayons de la nageoire dorsale.

LA PERCHE COMMUNE. (*Pl.* 16, *fig.* 1.) — La perche est verdâtre avec de larges bandes verticales noirâtres. C'est un de nos plus beaux et de nos meilleurs poissons de rivière.

LE MÉSOPRION LUTJAN. (*Pl.* 16, *fig.* 2.) — Les mésoprions habitent l'Océan ; ces poissons donnent un excellent manger ; plusieurs espèces sont fort belles ; la taille du lutjan est de deux pieds ; on le pêche sur les côtes de l'Amérique.

L'HOLOCENTRE SOGHO. (*Pl.* 16, *fig.* 3.) — Les holocentres sont de beaux poissons à écailles brillantes et dentelées, dont l'opercule est épineux. Ils habitent les parties chaudes des deux Océans; le sogho est une des plus belles espèces.

LA TRACHINE VIVE. (*Pl.* 16, *fig.* 5.) — La vive se trouve sur nos côtes dans l'Océan et dans la Manche; elle est gris-roussâtre, avec des taches noires, des traits bleus, des teintes jaunes et des stries obliques sur les flancs; elle a trente rayons à la deuxième nageoire dorsale; la piqûre causée par les aiguillons de la vive est très-douloureuse.

LE TRIGLE PERLON. (*Pl.* 16, *fig.* 6.) — Les trigles ont les mâchoires et le palais armés de dents semblables à du velours; le perlon ou trigle hirondelle a les nageoires pectorales noires, bordées de bleu; sa taille est de deux pieds. On le pêche sur nos côtes.

LE ROUGET COMMUN. (*P.* 16, *fig.* 7.). Ce poisson, dont la chair est délicate, est d'un beau rouge, il a le long des flancs de nombreuses lignes verticales et parallèles. On le trouve dans nos mers.

LE PTÉROÏS VOLANT. (*Pl.* 15, *fig.* 8.) — Les ptéroïs sont des poissons de la mer des Indes, remarquables par leurs jolies couleurs et la prolongation excessive des rayons de leurs nageoires dorsales et pectorales. La figure 8 représente le ptéroïs à antennes.

LE LOBOTE DIAGRAMME. (*Pl.* 16, *fig.* 10.) — Les lobotes ont le museau court, la mâchoire inférieure proéminente, le corps élevé, la nageoire dorsale et l'anale très-alongées, de sorte qu'avec la nageoire caudale le corps semble terminé par trois lobes. Ces poissons habitent les deux Océans.

LE POMACENTRE PAON. (*Pl.* 16, *fig.* 11.) — Il est d'un vert mêlé de jaune, relevé par des taches rouges et d'autres blanches. On le trouve sur les côtes de la Syrie.

LE PAGRE DE LA MÉDITERRANÉE. (*Pl.* 16, *fig.* 12.) — Il est argenté, glacé de rougeâtre.

LE CHELMON A BEC. (*Pl.* 16, *fig.* 14.) — Ce poisson vit sur les côtes de la Chine et des îles de la Malaisie; il est remarquable par la forme extraordinaire de son museau long , grêle et ouvert seulement à son extrémité. Le chelmon épie les insectes sur le bord de la mer, leur lance des gouttes d'eau et les fait tomber pour s'en nourrir.

LE BRAMA DE RAI. (*Pl.* 16, *fig.* 13.) — On le trouve dans la mer Méditerranée ; il est couleur d'acier bruni.

LE SCOMBRE THON. (*Pl.* 17, *fig.* 2.) — Le thon est un poisson long de quinze à dix-huit pieds ; il a neuf fausses nageoires sur le dos et autant sous le ventre ; il est bleu-noir en dessus, argenté en dessous. En été ce poisson entre dans la mer Méditerranée par bandes innombrables ; on le prend dans d'immenses filets à plusieurs compartiments nommés mandragues ; la pêche du thon est une époque de réjouissance à Marseille et sur les côtes de la Provence. On le conserve mariné dans l'huile d'olive. Ce poisson est une source de richesses pour la Provence, la Sardaigne et la Sicile. La figure 15, de la planche 16, représente le scombre de Commerson, et la figure 1 de la planche 17, le scombre guare. Le maquereau est un scombre de l'Océan glacial qui émigre annuellement sur nos côtes pour frayer.

LE XIPHIAS ESPADON. (*Pl.* 17, *fig.* 3.) — L'espadon n'a pas de nageoires ventrales ; son caractère distinctif est une longue pointe en forme d'épée qui termine la mâchoire supérieure et lui fait une arme dangereuse avec laquelle il attaque les plus grands animaux marins : l'espadon est très-rapide ; sa taille est de quinze pieds ; il se trouve dans l'Océan et dans la mer Méditerranée.

L'ARGYRÉIOS VOMER. (*Pl.* 17, *fig.* 4.) — Les vomers ont le corps comprimé et très-élevé ; leur peau est fine, satinée, sans écailles ; leurs dents sont semblables à un velours très-ras.

LA CORYPHENE HIPPURUS. (*Pl.* 17, *fig.* 5.) — Ce poisson se trouve dans la mer Méditerranée ; il a le corps comprimé, alongé, la tête tranchante a sa partie supérieure ; la nageoire dorsale s'étend le long du dos. La coryphène est bleu-foncé en dessus, jaune-citron taché de bleu clair en dessous.

LE MUGE TANG. (*Pl.* 17, *fig.* 6.) — Les muges sont d'excellents poissons qui remontent l'embouchure des fleuves et s'élancent souvent au dessus des eaux. Le tang se trouve sur les côtes de la Guinée ; il a le dos brun , le ventre blanc et les nageoires jaunâtres.

LA BLENNIE LIÈVRE. (*Pl.* 17, *fig.* 7.) — Les blennies ont les nageoires ventrales placées avant les pectorales et soutenues seulement par deux rayons ; leur peau est enduite de mucosités ; la plupart ont un tentacule frangé en forme de panache sur chaque sourcil. Ces poissons vivent en petites troupes parmi les rochers des rivages. La blennie lièvre est marbrée de brun et de noirâtre.

La figure 8 représente la blennie phycis.

L'ANARRHIQUE LOUP. (*Pl.* 17. *fig.* 9.) — Ce poisson habite les mers du nord ; sa taille est de sept pieds ; il est brun avec des bandes nuageuses plus foncées. L'anarrhique est féroce et dangereux ; ses mâchoires sont armées de dents coniques très-fortes.

LE BOULEREAU NOIR. (*Pl.* 17, *fig.* 10.) — Il est très-commun sur les côtes de l'Océan, sa taille est de cinq pouces, il a le dos brun noirâtre, ses nageoires dorsales sont lisérées de blanc.

LE CHIRONECTES PEINT. (*Pl.* 17, *fig.* 11.) — Ces poissons ont des rayons sans nageoires sur la tête, le premier est terminé par une houppe. La tête et le corps sont comprimés latéralement ; la bouche est ouverte verticalement, des appendices ou prolongements de peau garnissent le corps. Les chironectes sortent quelquefois de l'eau et rampent à terre à l'aide de leurs nageoires, ils restent jusqu'à trois jours sans rentrer dans l'eau. Ils habitent les mers équatoriales.

LE BATRACUS GROGNANT. (*Pl.* 17, *fig.* 12.) — La tête de ces poissons rappelle celle des grenouilles ; ils se tiennent cachés dans le sable pour tendre des embûches aux poissons qui leur servent de proie. Les piquans de leurs rayons font des blessures dangereuses. Ils habitent les deux Océans.

LA GIRELLE DE LA MÉDITERRANÉE. (*Pl.* 17, *fig.* 13.) — Ce joli poisson est d'une belle couleur violette, relevée de chaque côté par une bande en zigzag d'un jaune orangé très-vif.

LE SCARE VERT. (*Pl.* 17, *fig.* 14.) — Les scares ont des mâchoires convexes, arrondies, garnies de dents disposées comme des écailles sur leur bord ; le scare vert habite la mer du Japon, il est d'un beau vert sur toutes les parties de son corps. La figure 15 représente le scare d'Abildgard ; il est rouge.

ORDRE DEUXIÈME. — LES MALACOPTÉRIGIENS ABDOMINAUX.

Nageoires ventrales sous l'abdomen et en arrière des nageoires pectorales. Cet ordre comprend la plupart des poissons d'eau douce.

LE CYPRIN ANNE-CAROLINE. (*Pl*. 18, *fig*. 1.) — Les cyprins se reconnaissent à une bouche peu fendue, des mâchoires faibles, souvent sans dents. Le corps est écailleux ; ces poissons n'ont qu'une nageoire dorsale ; ils vivent de graines, d'herbes et même de limon.

Les carpes ont la nageoire dorsale longue, le second rayon porte une épine. Le cyprin Anne-Caroline habite les rivières de la Chine ; c'est une variété de la jolie dorade chinoise, poisson rouge et doré qui peuple aujourd'hui nos bassins, et que l'on conserve quelquefois dans des vases de cristal comme ornement. La dorade chinoise, qui reste naine dans les bocaux étroits qu'on lui assigne pour demeure, est longue d'un demi-pied lorsqu'on la place dans de vastes bassins. Le cyprin verdâtre est également chinois. (*Pl*. 18, *fig*. 3.)

LA TANCHE DORÉE. (*Pl*. 18, *fig*. 2.) — Cette tanche habite les lacs de la Silésie ; sa taille est de seize pouces. La tête de la tanche dorée est mince, ses lèvres sont grosses et d'un rouge vif ; le dos est bronzé, et les flancs brillent du plus beau jaune orangé relevé par des reflets dorés et argentés. Les nageoires pectorales et ventrales sont dorées.

LA LOCHE FRANCHE. (*Pl*. 18, *fig*. 4.) — La loche franche, cobitis barbatula de Cuvier, est un poisson de quatre pouces de longueur, nuagé et pointillé de brun sur un fond jaunâtre ; sa bouche est entourée de six barbillons. La loche franche se pêche dans toutes nos petites rivières.

L'ESOCE BROCHET. (*Pl*. 18, *fig*. 5.) — Les brochets sont des poissons voraces, dont le museau est long, obtus, large et déprimé ; leurs mâchoires, leur langue, leur palais sont hérissés de dents disposées comme les dents d'une machine à carder. Ces poissons n'ont qu'une nageoire dorsale placée au dessus de l'anale. Le dos du brochet est bronzé, le ventre est argenté. Le brochet se trouve dans nos étangs et nos rivières ; il détruit beaucoup de poisson.

L'EXOCET VOLANT. (*Pl.* 18, *fig.* 6.) — Il habite l'Océan, ses nageoires pectorales, excessivement longues, lui permettent de s'élancer hors de l'eau et de se soutenir quelques instants dans l'air. C'est le poisson volant des navigateurs.

LE SILURE GLANIS. (*Pl.* 18, *fig.* 7.) — Ce poisson est le plus grand de ceux qui habitent dans les eaux de l'Europe ; il dépasse six pieds et pèse plus de trois cents livres. Le glanis a le dos noir-verdâtre, taché de noir foncé ; son ventre est blanc-jaunâtre ; sa chair est grasse ; on emploie son lard aux mêmes usages que celui du porc. On pêche le glanis dans les rivières d'Allemagne et de Hongrie.

LE BAGRE. (*Pl.* 18, *fig.* 8.) — Sa bouche est environnée de quatre barbillons, chaque mâchoire porte une rangée de dents veloutées.

LE SALMONE SAUMON. (*Pl.* 18, *fig.* 9.) — C'est la plus grande des espèces du genre salmone ; le saumon habite les mers du pôle arctique ; au printemps il se dirige vers les côtes d'Allemagne, d'Angleterre et de l'ouest de la France, et il remonte par troupes nombreuses dans les rivières. Sa pêche est l'objet d'un commerce important. Le saumon a la chair rouge et très-délicate.

LE SALMONE TRUITE. (*Pl.* 18, *fig.* 11.) — Sa chair est blanche, son dos est taché de brun, ses flancs varient du rouge au blanc et au jaune doré nuancé de taches rouges. La truite est commune dans tous les ruisseaux dont l'eau est vive et claire.

L'OSMER ÉPERLAN. (*Pl.* 18, *fig.* 11.) — L'éperlan est un peu plus grand que le goujon ; il est vert-clair sur le dos et argenté sur le ventre. On le pêche dans la mer et à l'embouchure des grands fleuves.

LE PIEBUQUE ARGENTÉ. (*Pl.* 18, *fig.* 12.) — Ce poisson a la tête petite, la bouche peu fendue, le corps comprimé, le ventre formant une ligne tranchante. Sa peau est couverte d'écailles argentée

LA CLUPÉE HARENG. (*Pl.* 18, *fig.* 13.) — Le hareng est un poisson de l'Océan glacial arctique, qui se rend en automne sur nos côtes par troupes de plusieurs milliards d'individus nageant en colonnes serrées. Ce poisson est un de ceux que l'on connaît le mieux généralement, parce qu'il approvisionne abondamment nos marchés lors de son passage; il a le dos brun-bleuâtre et le ventre argenté. On le sale pour l'hiver; le hareng salé est l'objet d'un commerce considérable pour la Hollande.

LA CLUPÉE ALOSE. (*Pl.* 18, *fig.* 14.) — L'alose acquiert jusqu'à trois pieds de longueur; elle n'a pas de dents, ses couleurs sont assez analogues à celles du hareng, cependant elle porte une tache noire derrière les ouïes. Ce poisson vit dans nos mers, mais au printemps il remonte les rivières.

LA CLUPÉE ANCHOIS. (*Pl.* 18, *fig.* 15.) — L'anchois a le dos bleuâtre, les flancs et le ventre argentés. On le pêche sur les côtes de la Méditerranée, où il abonde comme le hareng sur nos côtes. On le sale et on le conserve dans l'huile d'olive après l'avoir coupé par tranches. L'anchois n'a que six pouces de longueur.

TROISIÈME ORDRE. — LES MALACOPTÉRIGIENS SUBBRACHIENS.

Nageoires ventrales attachées sous les pectorales.

LE GADE MORUE. (*Pl.* 19, *fig.* 1.) — La morue est longue de trois pieds; son dos est tacheté de brun et de jaunâtre; elle vit dans les mers du nord, principalement sur les côtes d'Islande et de Terre-Neuve. Tous les ans on arme des flottes entières pour la pêche de ce poisson.

LE GADE MERLAN (*Pl.* 19, *fig.* 2.) — Le merlan abonde sur les côtes de la Manche et de l'Océan; sa taille s'élève jusqu'à un pied; le dos du merlan est gris-brun, son ventre est argenté.

LA LOTTE DE RIVIÈRE. (*Pl.* 19, *fig.* 3.) — La lotte est longue d'un pied et demi; elle est jaune, marbrée de brun; sa bouche est garnie d'un barbillon. Elle remonte fort avant dans les rivières.

LE TURBOT. (*Pl.* 19, *fig.* 4.) — Le turbot, le carrelet, la sole, la limande, la plie, font partie du genre pleuronectes, genre qui a un caractère unique parmi les animaux vertébrés, celui du défaut de symétrie de leur tête, car ils ont les deux

REPTILES
CHÉLONIENS ET SAURIENS
OPHIDIENS

yeux du même côté, et leur corps est très-plat, haut verticalement ; ces poissons quittent peu le fond des mers. Le turbot a le corps romboïdal, presque aussi haut que long, son dos est brun, hérissé de tubercules, son ventre est blanc.

LE CARRELET. (*Pl.* 19, *fig.* 5.) — Il a six tubercules formant une ligne sur le côté droit de la tête, le dessus de son corps est brun taché d'aurore.

LA LIMANDE. (*Pl.* 19, *fig.* 7.) — Ses écailles sont si âpres, qu'elles lui ont valu le nom de *lima* en latin, lime. La limande est blanche d'un côté, brune de l'autre, avec des taches peu marquées brunes et blanchâtres.

LA PLIE LARGE. (*Pl.* 19, *fig.* 6.) — Elle ne diffère du carrelet que par la largeur de son corps, qui est une fois et demi aussi large que long.

LA SOLE. (*Pl.* 19, *fig.* 6.) — Elle est blanche d'un côté, brune sans taches de l'autre, la nageoire pectorale est tachée de noir. Tous ces poissons se pêchent sur nos côtes.

LE CYCLOPTÈRE LIPARIS. (*Pl.* 19, *fig.* 9.) — Les cycloptères n'ont qu'une seule nageoire dorsale; leur corps est lisse, alongé et comprimé en arrière. On le trouve sur nos côtes.

QUATRIÈME ORDRE. — MALACOPTÉRIGIENS APODES.

Ces poissons ont la peau épaisse et molle ; leur corps est alongé ; ils n'ont pas de nageoires ventrales.

LA MURÈNE CONGRE. (*Pl.* 19, *fig.* 10.) — Le congre ou anguille de mer se trouve dans la Méditerranée, la Manche et l'Océan. Sa longueur est de cinq pieds, sa circonférence de onze pouces. Sa peau est grise sur le dos, blanche sous le ventre

LE GYMNOTE ÉLECTRIQUE. (*Pl.* 19, *fig.* 11.) — Ce poisson, semblable pour la forme aux anguilles, atteint à une taille de six pieds de long ; il donne des commotions électriques si violentes, qu'il renverse instantanément l'animal le plus fort. Le gymnote est carnassier et il foudroie à une assez grande distance par l'émission de son fluide électrique, les poissons

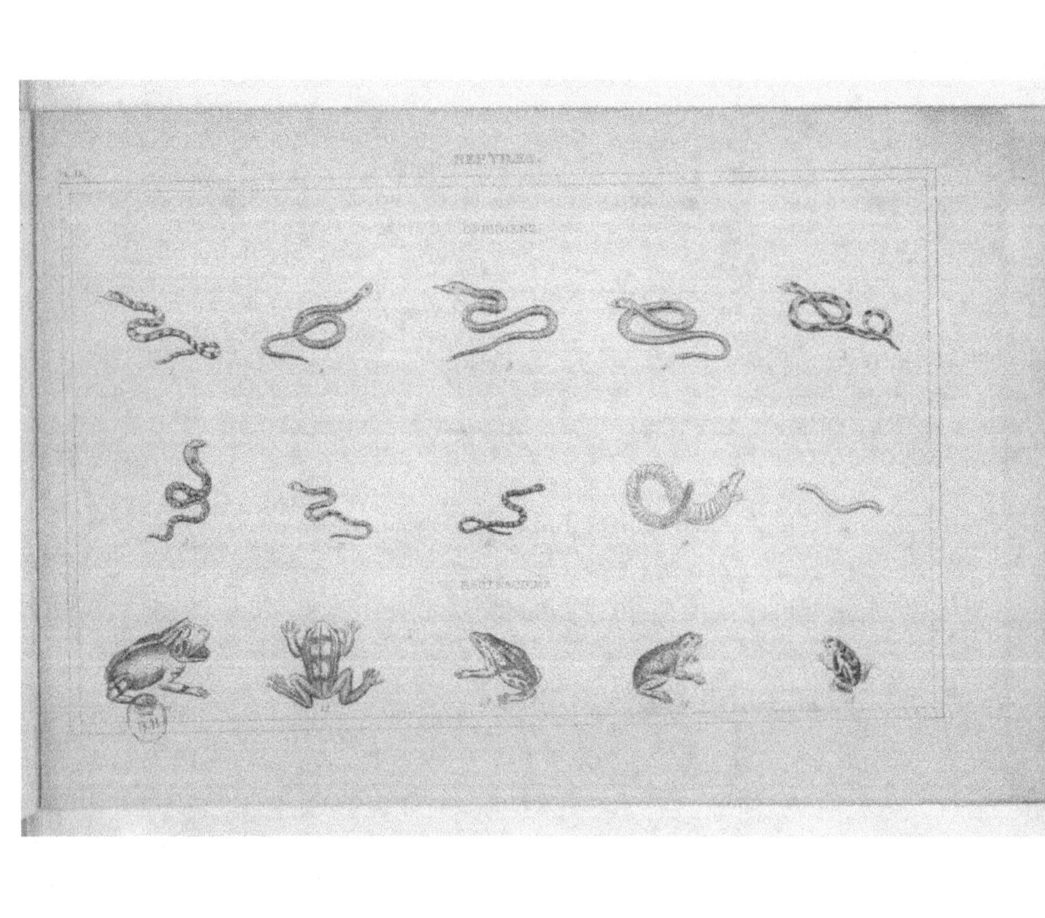

POISSONS.

ORDRE 1er.— ACANTHOPTÉRYGIENS.

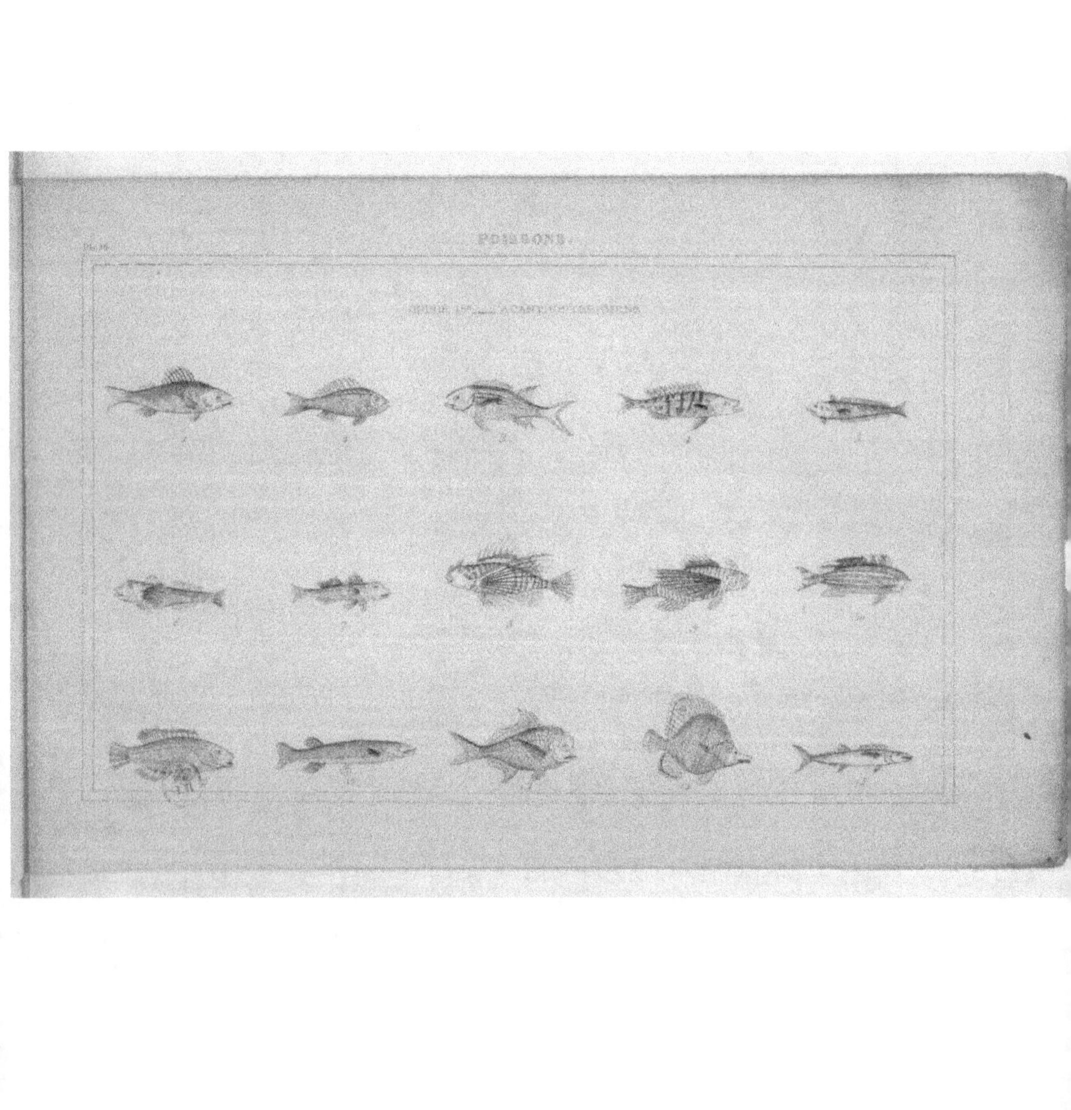

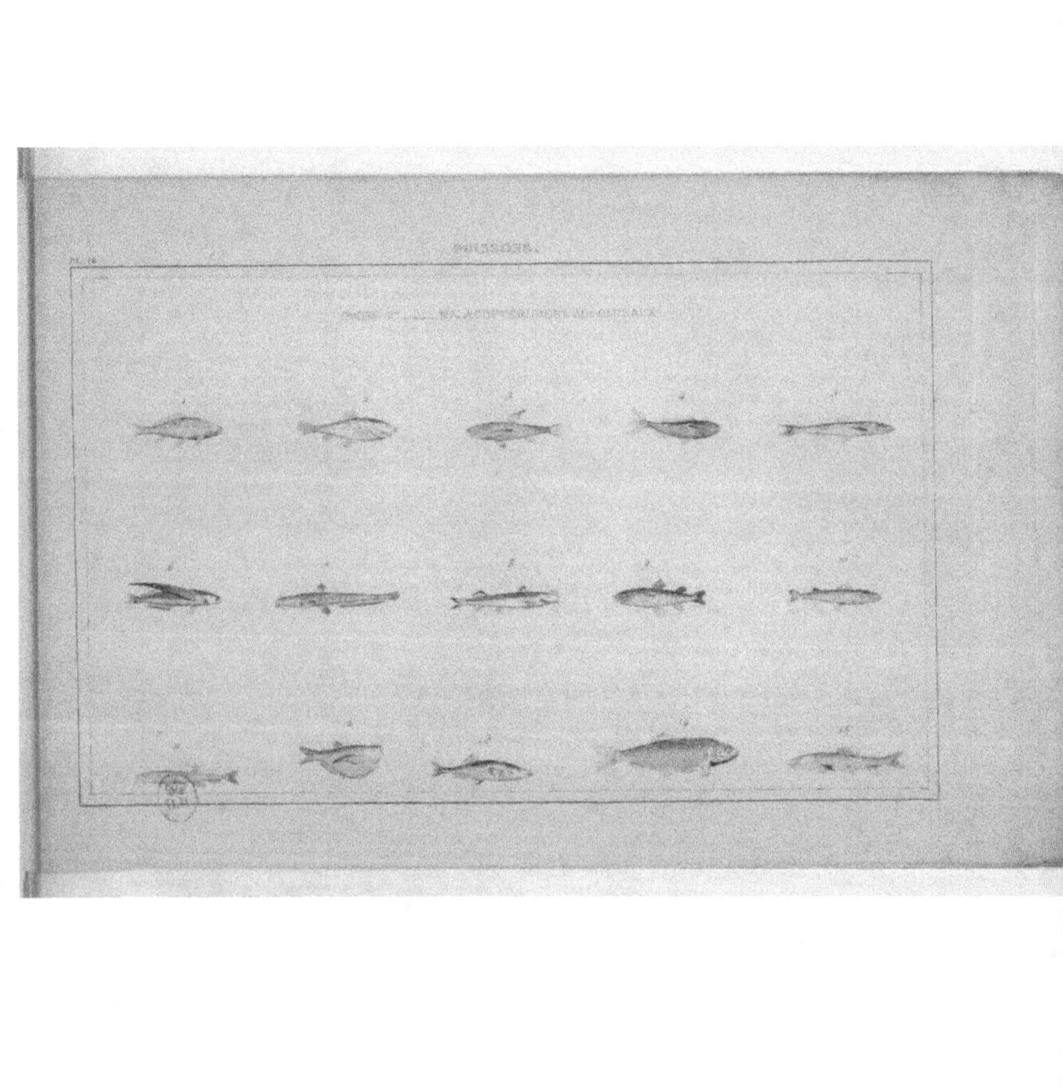

MALACOPTÉRYGIENS ABDOMINAUX

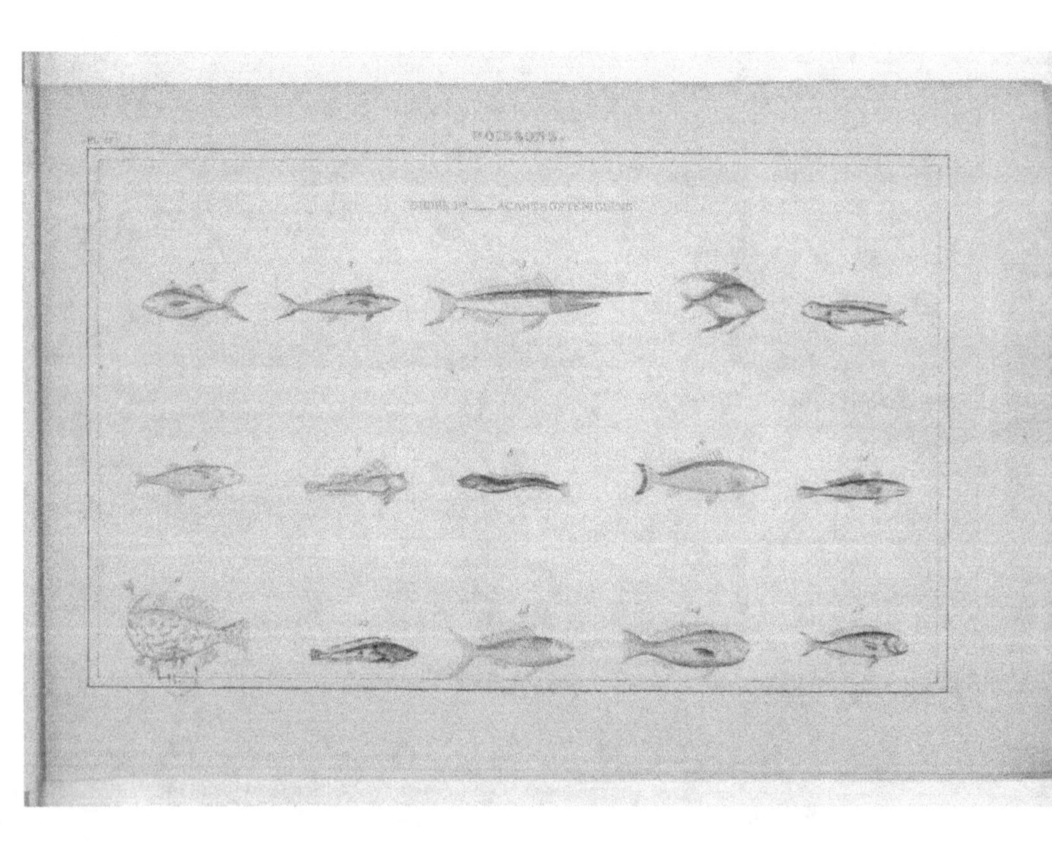

POISSONS.
ORDRE 1er. — ACANTHOPTÉRYGIENS.

ORDRE V. — MALACOPTÉRYGIENS SUBBRACHIENS.

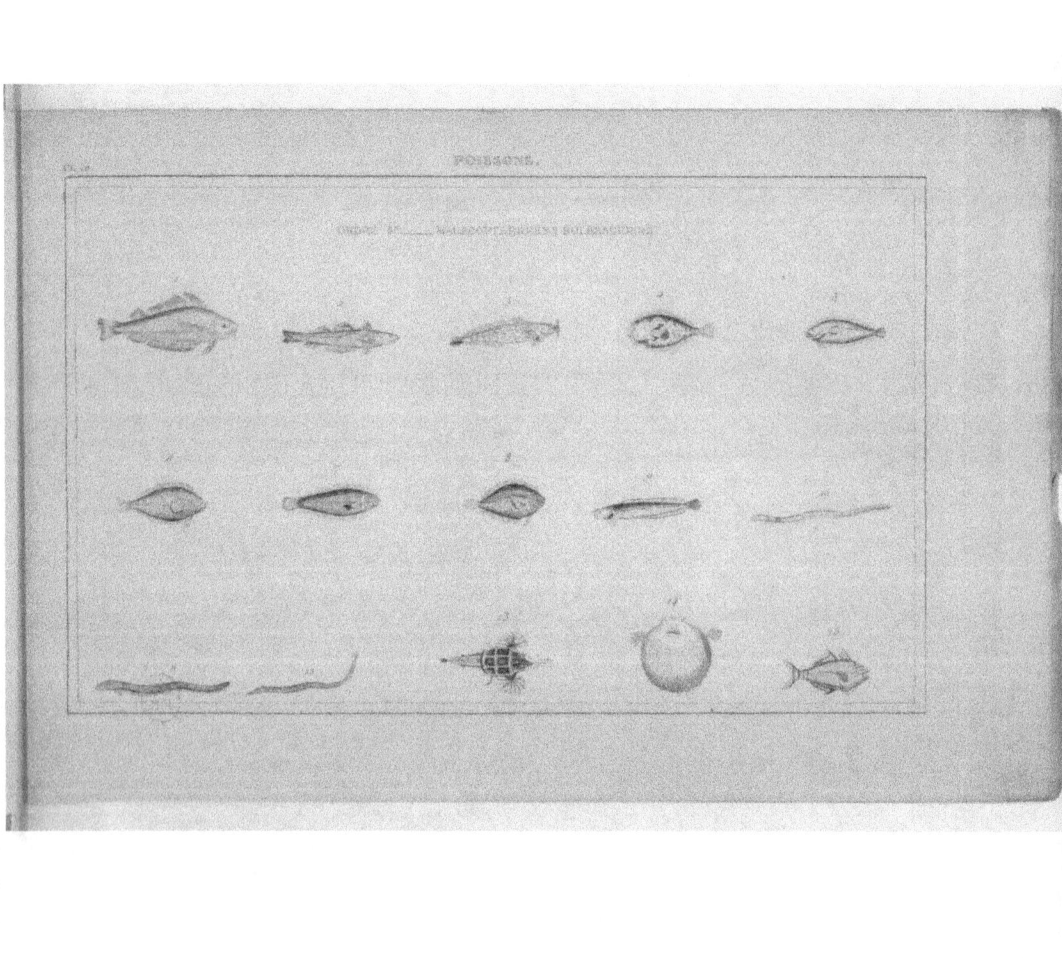

dont il veut se nourrir; mais, après plusieurs décharges il se trouve épuisé, il lui faut du repos pour qu'il recouvre sa singulière faculté. L'appareil électrique du gymnote occupe la moitié de l'épaisseur du dessous de la queue; il se compose d'une multitude de petites lames verticales remplies dans leur intervalle d'une substance gélatineuse, et recevant des nerfs très-volumineux. Le gymnote se trouve dans les rivières de l'Amérique méridionale.

CINQUIÈME ORDRE. — LES LOPHOBRANCHES.

Branchies divisées en petites houppes rondes, par paires le long des arcs branchiaux.

LE SYNGNATHE TROMPETTE. (*Pl.* 19 , *fig.* 12.) — Son corps est très-alongé, très-mince, à peu près du même diamètre dans toute sa longueur; le museau est tubuleux et terminé par une bouche fendue verticalement.

LE PÉGASE DRAGON. (*Pl.* 19, *fig.* 13.) — Les pégases ont un museau saillant qui recouvre la bouche; leur corps est cuirassé d'écailles épaisses; le dragon a deux nageoires abdominales très-grandes, en forme d'ailes, qui lui donnent de la ressemblance avec l'animal fantastique du même nom. Ces poissons se trouvent dans la mer des Indes.

LE TÉTRODON SPENGLERI. (*Pl.* 19, *fig.* 14.) — Les tétrodons ont les mâchoires divisées et disposées de manière à présenter l'apparence de quatre dents, deux en dessus et deux en dessous. Leur peau est garnie de tubercules épineux. Ces poissons se gonflent le corps à volonté et prennent l'apparence d'une sphère flottante. Le spengleri se trouve dans le Nil.

LA BALISTE VIEILLE. (*Pl.* 19, *fig.* 15.) — Les balistes tirent leur nom du mouvement habituel de leur colonne vertébrale, mouvement qui ressemble à celui d'une arbalète qui se détend; elles ont le corps revêtu de grandes écailles en losange, qui, placées bord à bord, ont l'air de compartiments de la peau. La première nageoire dorsale a trois aiguillons. La baliste est d'un gris brunâtre nuancé de bleu. Elle habite la mer Méditerranée.

DEUXIÈME DIVISION. — LES POISSONS CARTILAGINEUX OU CHONDROPTÉRIGIENS.

PREMIER ORDRE. — LES STURONIENS.

Les branchies sont libres et recouvertes d'un opercule.

L'ESTURGEON. (*Pl.* 20, *fig.* 1.) — Il est long de six pieds, son museau est pointu, son dos couvert d'écussons épineux disposés sur cinq rangs.C'est avec la vessie natatoire de l'esturgeon que l'on fait la colle de poisson, et ses œufs, salés et confits, sont connus sous le nom de caviar. Ce poisson se trouve dans nos mers, dans la mer Noire et dans le lac Caspienne; il remonte dans les rivières.

LA CHIMÈRE ARCTIQUE. Elle est longue de deux pieds, de couleur argentée tachetée de brun. Elle suit les colonnes de harengs et de maquereaux.

DEUXIÈME ORDRE. — CHONDROPTÉRIGIENS A BRANCHIES FIXES.

LE REQUIN. (*Pl.* 20, *fig.* 5.) — Ce terrible animal du genre squale atteint à une taille de vingt-cinq pieds, et se trouve dans toutes les mers, où il fait l'effroi des navigateurs; sa mâchoire est armée de plusieurs rangées de dents triangulaires très-aiguës; le museau du requin est proéminent, ce qui le gêne pour saisir sa proie; il ne peut le faire qu'en se tournant de côté.

LE SQUALE ÉMISSOLE. (*Pl.* 20, *fig.* 4.) — Ce squale porte des évents sur la tête comme les cétacés; il se trouve dans nos mers; sa taille est bien inférieure à celle du requin. La figure 7 représente le squale rouge, et la figure 6 le squale-scie; ce dernier est remarquable par l'arme osseuse et dentée qui prolonge sa mâchoire supérieure; le squale-scie, qui est le pristis des anciens, est long de quinze pieds; il ne craint pas d'attaquer les plus grands cétacés; il se trouve dans nos mers.

7

LA RAIE BOUCLÉE. (*Pl.* 20, *fig.* 10.) — Les raies se reconnaissent à leur corps aplati horizontalement et semblable à un disque, la raie bouclée a la peau couverte d'écailles osseuses, rudes, et parsemée de gros tubercules terminés par un aiguillon recourbé. Ce poisson est gris-brun en dessus, blanc-rosé en dessous. Le n° 9 représente la raie séphen, et le n° 12 la raie aigle.

LA TORPILLE GALVANIQUE. (*Pl.* 20, *fig.* 11.) — La torpille a, comme le gymnote, la propriété de projeter autour d'elle, à une assez grande distance, du fluide électrique. L'appareil qui produit ce fluide est placé entre les nageoires pectorales, la tête et les branchies ; il se compose de petits tubes serrés l'un contre l'autre, comme les cellules de cire d'un rayon d'abeilles ; ces tubes, dont l'intérieur est divisé par des cloisons horizontales, sont remplis de mucosité. A l'aide de cette batterie électrique, les torpilles éloignent leurs ennemis et frappent de mort les animaux marins dont elles se nourrissent. La torpille se trouve dans la mer Méditerranée.

LE PÉTROMYZON SUCET. (*Pl.* 20, *fig.* 13 et 15.) — Le sucet, ou petite lamproie de rivière, n'a que dix pouces de longueur ; ce poisson est argenté en dessous et olivâtre en dessus. Les pétromyzons possèdent un anneau cartilagineux autour des lèvres, qu'ils posent sur les objets auxquels ils veulent s'attacher ; avec leur langue, dont ils se servent comme d'un piston, ils font le vide et se trouvent fixés ; par ce moyen les pétromyzons prennent un point d'appui partout où ils veulent séjourner ; ils s'attachent ainsi après les plus grands poissons, et parviennent à les percer et à les dévorer. L'eau, chez ces poissons, parvient de la bouche aux branchies par un canal membraneux percé de trous latéraux, l'eau sort des branchies par des trous percés dans la peau du cou et disposés comme les trous d'une flûte. La figure 14 représente le pétromyzon rouge. La petite lamproie se trouve dans les rivières ; on en pêche dans la Seine.

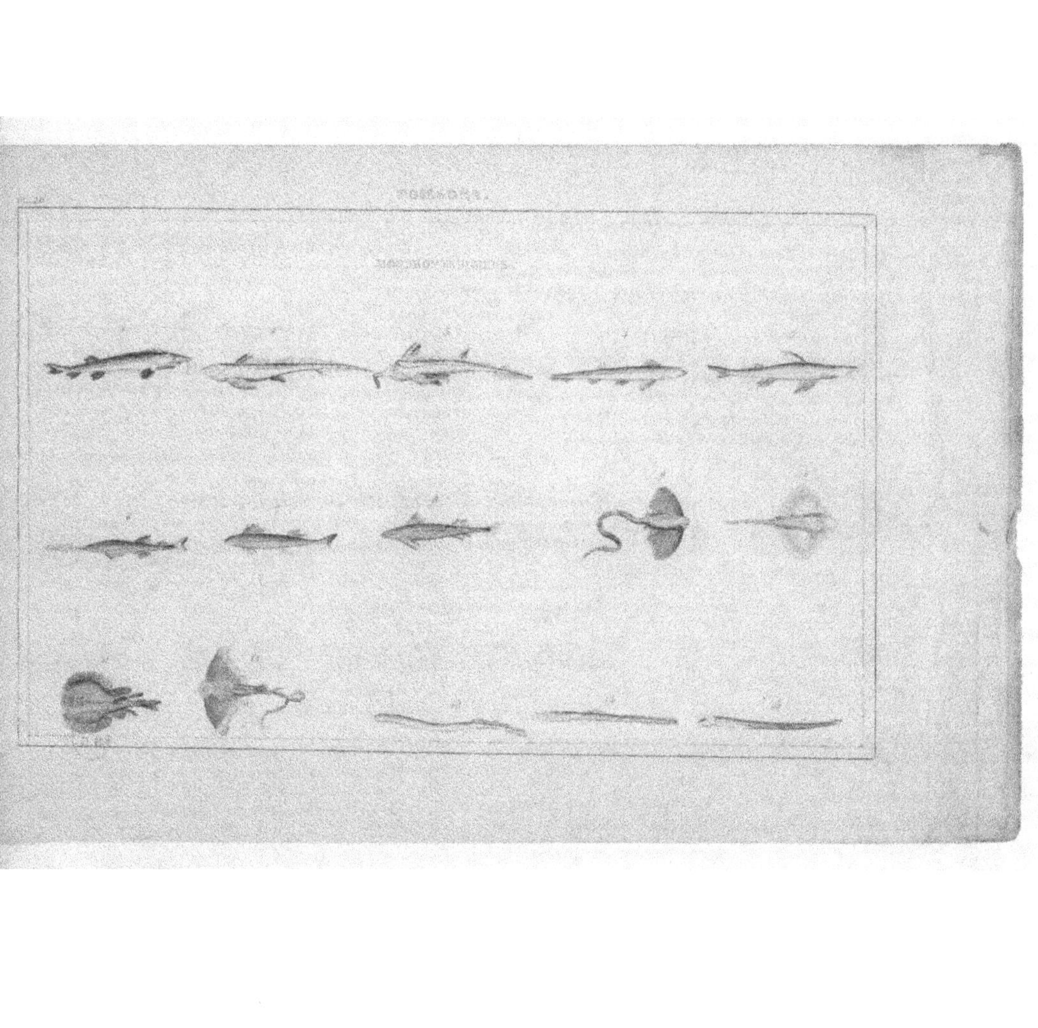
POISSONS.
CARTILAGINEUX.

Douzième Leçon.

LES ANIMAUX INVERTÉBRÉS.

Je vous ai déjà fait connaître, mes jeunes amis, le caractère commun à tous les animaux de la grande division des invertébrés, caractère qui consiste dans l'absence d'os et par conséquent de squelette. Les invertébrés se divisent en trois groupes : 1° Les animaux articulés ; 2° les mollusques ; 3° les animaux rayonnés.

L'histoire des deux premiers groupes sera l'objet de cette leçon.

PREMIER GROUPE. — ANIMAUX ARTICULÉS.

Ce qui distingue les êtres de ce groupe, c'est qu'ils ont six membres ou pieds destinés à la progression ; ces pieds sont composés de pièces articulées entre elles, leur enveloppe extérieure est solide, et chaque pièce contient dans son intérieur les muscles destinés à la faire mouvoir. Ce groupe renferme trois classes : les crustacés, les arachnides et les insectes.

PREMIÈRE CLASSE. — LES CRUSTACÉS.

Les crustacés sont des animaux respirant par des branchies recouvertes dans les uns par les bords d'un test ou carapace, placées dans les autres à l'extérieur, et recevant l'air, dans tous, par des ouvertures placées à l'extérieur de la peau. La classe des crustacés se compose de cinq ordres : 1° les décapodes ; 2° les stomapodes ; 3° les lœmodipodes ; 4° les amphipodes ; 5° les isopodes.

Les animaux de cette classe sont : les écrevisses, les homards, les langoustes, les crabes, les crevettes et les cloportes. (*Pl.* 21. *n^{os}* 1, 2, 3, *etc.*)

DEUXIÈME CLASSE. — LES ARACHNIDES.

Les arachnides ou araignées respirent, les unes par des sacs pulmonaires, les autres par des trachées : de là leur division en deux ordres ; les arachnides pulmonaires et les arachnides trachéennes.

PREMIER ORDRE. — LES PULMONAIRES.

Leurs caractères sont : des sacs pulmonaires toujours placés sous le ventre, et s'ouvrant à l'extérieur par deux, quatre ou huit stigmates ; les pulmonaires ont de six à huit yeux lisses.

PREMIÈRE FAMILLE. — LES FILEUSES.

Elles ont des palpes en forme de petits pieds, sans pince au bout ; leurs serres frontales sont terminées par un crochet mobile creusé de manière à laisser écouler le venin que produit une glande renfermée dans l'articulation du crochet. Ces araignées ont deux mâchoires ; leur thorax porte une impression en forme de V, indiquant l'espace occupé par la tête. L'abdomen porte de quatre à six mamelons percés d'une infinité de petits trous pour le passage des fils.

LA MYGALE AVICULAIRE. (*Pl.* 25, *fig.* 16.) — Cette araignée est longue d'un pouce et demi, elle est noirâtre, très-velue, avec l'extrémité des palpes, des pieds et les poils inférieurs de la bouche rougeâtres ; elle établit son domicile dans les gerçures des arbres, sous les feuilles : sa cellule a la forme d'un tube de six centimètres de largeur sur deux décimètres de longueur, autour est une vaste toile blanche, résistante, semblable à de la mousseline. De gros insectes et même de petits oiseaux s'y enlacent et deviennent la proie de la mygale.

LE SALTIQUE CHEVRONNÉ. (*Pl.* 25, *fig.* 17.) — Le saltique chevronné est long de deux lignes et demie, il est noir en dessus, avec les bords du corselet blancs, et trois lignes de points de la même couleur sur l'abdomen. Cette araignée place sa toile dans les jardins.

DEUXIÈME FAMILLE. — LES PÉDIPALPES.

Des palpes très-grandes en forme de bras terminés par une pince. Pas de filières à l'abdomen.

LE SCORPION D'EUROPE. (*Pl.* 25, *fig.* 19.) — Il est d'un brun plus ou moins foncé, avec les pieds et le dernier article de la queue plus clair; ses pinces sont en forme de cœur et anguleuses. Cet animal se trouve dans le midi de la France et de l'Europe, sa piqûre est peu dangereuse; on en prévient les accidents en lavant la plaie avec un peu d'alcali volatil.

DEUXIÈME ORDRE. — LES TRACHÉENNES.

Elles respirent par des trachées rayonnées ou ramifiées qui reçoivent l'air par des stigmates. Leurs yeux sont au nombre de deux ou de quatre.

LE PHALANGIUM CANCROÏDE. (*Pl.* 25, *fig.* 18.) — Cette araignée est petite, d'un blanc sale; elle a les palpes alongées en forme de bras comme le scorpion, et terminées par une pince à deux doigts. On trouve le phalangium cancroïde dans les bibliothèques, les herbiers, les collections d'histoire naturelle, où il détruit les mites et les petits insectes nuisibles.

TROISIÈME CLASSE. — LES INSECTES.

Comme quelques uns d'entre vous se plaisent à réunir en collection les insectes qu'ils rencontrent dans leurs promenades, ce que je vous dirai relativement à ces animaux vous intéressera plus que la classification des mollusques; je me propose de vous faire connaître les caractères des divisions principales, afin que vous puissiez mettre les insectes de vos collections dans les classes qui leur appartiennent. Plus tard, dans un cours moins élémentaire, vous apprendrez à déterminer leurs genres et leurs espèces.

Nous comprenons sous le nom collectif d'*insectes* tous les animaux articulés, ayant pour caractère une tête distincte munie d'une paire d'antennes ; des yeux composés toujours immobiles , et quelquefois accompagnés d'yeux simples ; une bouche pourvue ordinairement de trois paires de pièces opposées ; un canal intestinal composé de plusieurs organes , des trachées répandues dans tout le corps, aboutissant à des ouvertures extérieures appelées stigmates , disséminées de chaque côté du corps ; pas de cœur, mais un vaisseau dorsal sans divisions à ses extrémités, des nerfs et des ganglions ; le corps divisé en pièces articulées consistantes ; jamais moins de six pattes, souvent des ailes. Les insectes sont ovipares, il sortent de l'œuf à l'état de larves, subissent des métamorphoses et deviennent insectes parfaits.

Chez les insectes, c'est la peau qui forme la partie solide du corps ; elle est pour eux ce qu'est le squelette pour les vertébrés ; bien plus, nous dirons que, d'après les admirables découvertes de Geoffroi-Saint-Hilaire, et sa belle loi de l'unité de composition organique, qui fera l'admiration de la postérité et changera la science de fond en comble, nous dirons que l'enveloppe extérieure des insectes est un véritable squelette , dans lequel on retrouve les éléments du squelette des vertébrés.

On distingue dans l'enveloppe extérieure des insectes trois grandes parties principales : la tête, le thorax, l'abdomen.

La tête ne renferme pas de cerveau, mais elle est le siége du sens de la vue et de celui du goût ; elle est le résultat de l'assemblage de plusieurs pièces : 1° les antennes , organes mobiles servant au toucher ; 2° les yeux ; 3° les mandibules, les mâchoires et les lèvres, qui composent la bouche. Il est à remarquer que les mâchoires des insectes ne sont pas placées horizontalement comme dans les vertébrés , mais latéralement , et que leur ouverture est perpendiculaire à l'horizon. La tête des insectes est unie au thorax, soit par un prolongement, ou cou, soit par une cavité profonde et arrondie, soit par une simple membrane.

Le thorax se divise en corselet, poitrine, sternum, écusson. Je ne vous parlerai pas de leurs subdivisions en prothorax, métathorax et mésothorax ; ces mots sont encore trop scientifiques pour votre jeune âge.

INSECTES. — COLÉOPTÈRES.

L'abdomen est une suite d'anneaux décroissants ; il contient les principaux organes intérieurs.

Chacune des pièces du thorax porte une paire de pattes. Chaque patte est formée d'une hanche de deux articles ou pièces, d'une cuisse, d'une jambe d'un seul article et d'un tarse ou doigt qui a de trois à cinq articulations. La plupart des insectes ont des ailes.

On retrouve les cinq sens des animaux vertébrés chez les insectes. Le toucher réside dans les antennes, dans les palpes qui environnent la bouche et dans les poils épars à la surface du corps.

Le goût réside dans les palpes et dans le larynx (arrière-bouche).

L'odorat existe bien manifestement dans les insectes, puisqu'on les voit se guider, à l'aide de ce sens seul, vers les substances dont ils se nourrissent, mais on n'a pas encore pu constater d'une manière évidente quel est le siége de ce sens ; chez les abeilles, c'est l'intérieur de la bouche.

L'ouïe paraît résider à la base des antennes ; ce sens, très-développé chez les cigales, les sauterelles, les grillons, les mouches et chez plusieurs coléoptères, est très-obscur dans quelques genres d'insectes.

Quant à la vue, elle est peut-être plus parfaite que dans les autres animaux, puisque la plupart des insectes ont des yeux composés, c'est-à-dire à plusieurs facettes, et chacune d'elles est un œil complet, et qu'ils ont encore, pour la plupart, des yeux simples. Les yeux composés sont placés sur les parties latérales de la tête. Les yeux simples, ordinairement au nombre de trois, sont situés sur le sommet de la même partie du corps.

L'appareil respiratoire des insectes consiste en deux organes essentiels, les stigmates et les trachées. Les stigmates sont des ouvertures en forme de fente, entourées d'un anneau corné ; elles se trouvent sur les parties latérales du thorax et de l'abdomen ; il en existe deux pour chaque anneau, l'un à droite et l'autre à gauche. Les stigmates du thorax sont composés de deux battants cornés qui s'ouvrent à chaque inspiration. Les trachées sont des tubes et tantôt des vésicules qui reçoivent l'air et le transmettent dans les diverses parties du corps.

Le canal intestinal, chez les animaux dont nous traitons, se compose : 1° De la bouche composée du labre ou lèvre inférieure, des deux mandibules, des deux mâchoires et de la lèvre inférieure ; 2° du larynx ou fond de la bouche ; 3° de l'œsophage qui conduit les aliments dans les estomacs ; 4° de trois estomacs, le jabot, le gésier et le ventricule chilifique ;

5° des intestins divisés en intestins grêles, gros intestin et rectum. Dans la bouche s'écoule de la salive produite par des glandes placées autour, et dans le ventricule chilifique où s'achève la digestion, se rend la bile, produite, non par un foie comme chez les vertébrés, mais par de simples vaisseaux.

Les insectes sont classés, d'après la disposition de leurs ailes, en douze ordres :

1° Les myriapodes ; pas d'ailes, vingt-quatre paires de pieds et plus ;

2° Les thysanoures ; six pieds, des fausses pattes propres à sauter ;

3° Les parasites ; pas d'ailes, six pattes, un suçoir rétractile au lieu de bouche ;

4° Les suceurs ; six pattes, pas d'ailes, un suçoir ;

5° Les coléoptères ; six pieds, quatre ailes, dont les supérieures, cornées et en forme d'étui, appelées élytres, recouvrent les inférieures.

6° Les orthoptères ; six pattes, quatre ailes, dont les supérieures en forme d'étui, ailes inférieures plissées dans leur longueur ;

7° Les hémiptères ; six pattes, quatre ailes, dont les supérieures à moitié en étui et à moitié membraneuses, un suçoir en forme de bec ;

8° Les névroptères ; six pattes, quatre ailes membraneuses ;

9° Les hyménoptères ; six pattes, quatre ailes membraneuses, les inférieures plus petites que les supérieures ;

10° Les lépidoptères ; six pattes, quatre ailes couvertes d'écailles colorées, la langue roulée en spirale ;

11° Les rhipiptères ; six pieds, quatre ailes membraneuses, deux petits élytres à la base du thorax, des soies pour mâchoires ;

12° Les diptères ; six pieds, deux ailes membraneuses accompagnées de deux balanciers situés en arrière, un suçoir.

PREMIER ORDRE. — LES MYRIAPODES.

LE SCOLOPENDRE OU LITHOBIE FOURCHUE. (*Pl.* 23, *fig.* 1.) — Cet insecte est brun, il a quinze paires de pieds; on le trouve dans nos jardins; il se réfugie sous les pierres, sous les poutres, dans le bois pourri.

DEUXIÈME ORDRE. — LES THYSANOURES.

LE LÉPISME DU SUCRE. (*Pl.* 23, *fig.* 2.) — Corps alongé, argenté, brillant, antennes en forme de soies, trois soies articulées qui se prolongent à la suite de l'abdomen et servent de point d'appui quand l'animal saute. Les lépismes vivent dans les fentes des fenêtres, dans les armoires, sous les planches humides. Cet insecte, originaire d'Amérique, est aujourd'hui très-commun en Europe, où il a été introduit dans des tonnes de sucre brut.

Le troisième et le quatrième ordre renferment les insectes importuns et parasites qui vivent sur les personnes qui ne prennent aucun soin de propreté, et sur les animaux.

CINQUIÈME ORDRE. — LES COLÉOPTÈRES.

Ce sont de tous les insectes les plus nombreux et les mieux connus; plusieurs brillent de reflets métalliques qui ont beaucoup d'éclat. Le mot coléoptère signifie ailes en étui; ces insectes ont, comme nous l'avons dit, quatre ailes, dont les deux supérieures se nomment élytres et les deux inférieures sont membraneuses; dans l'état de repos elles sont pliées en travers. En sortant de l'œuf, les coléoptères portent le nom de larves; les gens de la campagne désignent sous le nom de vers blancs les larves des grosses espèces de nos pays. La larve, après avoir mené une vie active et consommé beaucoup de nourriture, passe à l'état de nymphe ; elle est alors engourdie, immobile, garde l'abstinence, et se transforme, par une mutation de peau, en insecte parfait.

L'ordre des coléoptères est subdivisé en quatre sections.

PREMIÈRE SECTION. — LES PENTAMÈRES.

Cinq articles à chaque tarse.

PREMIÈRE FAMILLE. — LES CARNASSIERS.

Six palpes aux mâchoires, antennes simples. Ces insectes se nourrissent d'insectes vivants ou morts et de chair morte.

LA MANTICORE MAXILLAIRE. (*Pl.* 23, *fig.* 3.) — Cet insecte habite l'Afrique méridionale, il se cache sous les pierres et poursuit les insectes pour les dévorer. Sa longueur est d'un pouce et demi ; il est noir, peu luisant, et est couvert de poils longs et assez éloignés les uns des autres.

LE CARABE VIOLET. (*Pl.* 23, *fig.* 4.) — On le trouve dans les environs de Paris ; il est long de huit à dix lignes, sa couleur est un violet foncé tirant sur le noir. Les carabes sont très-voraces ; ils se nourrissent de chenilles, de larves et d'insectes parfaits ; ils attaquent les plus grosses espèces herbivores. Ils se retirent dans la mousse, sous les pierres, dans les trous qu'ils trouvent à fleur de terre.

LE DYTISQUE MARGINAL. (*Pl.* 23, *fig.* 5.) — Les dytisques vivent dans les eaux, ils nagent avec vitesse à l'aide de leurs pieds plats et garnis de longs poils ; ils se nourrissent d'insectes aquatiques, de larves, de têtards, et même de grenouilles. Le dytisque marginal est long de six à sept lignes, il a une bordure jaunâtre autour du corselet et des élytres.

DEUXIÈME FAMILLE. — LES BRACHÉLYTRES.

Élytres plus courts que le corps, comme l'indique le nom de la famille.

LE STAPHILIN DILATÉ. (*Pl.* 23, *fig.* 7.) — Les staphilins vivent dans le fumier, les matières animales et les champignons en décomposition, dans les excréments, les bois pourris ; on les reconnaît à leurs ailes courtes qui ne recouvrent qu'une partie de l'abdomen.

TROISIÈME FAMILLE. — LES SERRICORNES.

Antennes dentées en scie, en peigne, ou seulement en éventail.

LE BUPRESTE AGRÉABLE. (*Pl.* 23, *fig.* 6.) — Presqu tous les buprestes brillent d'un éclat métallique, les petites espèces vivent sur les feuilles et les fleurs, les grosses sur les arbres ;   larve nuit aux bois dont elle se nourrit. Les plus beaux buprestes vivent dans les contrées équatoriales.

LE TAUPIN TRICOLOR. (*Pl.* 23, *fig.* 8.) — Les taupins ont le corps étroit et alongé, les angles postérieurs du corselet se prolongent en arrière en forme d'épines. Lorsqu'ils sont couchés sur le dos, ils sautent par un mouvement de ressort provenant de la structure particulière de leur sternum, et ils se retrouvent dans leur position naturelle ; les taupins vivent sur les fleurs, leur larve se nourrit de terreau et de bois pourri. Une espèce d'Amérique est tellement phosphorescente, que la lumière donnée par un seul individu éclaire assez pour qu'on puisse lire.

QUATRIÈME FAMILLE. — LES CLAVICORNES.

Antennes plus longues que la tête et terminées en massue.

LE NÉCROPHORE FOSSOYEUR. (*Pl.* 23, *fig.* 9.) — Les nécrophores enfouissent dans la terre les petits mammifères dont ils trouvent les cadavres, afin d'y déposer leurs œufs et de pourvoir à la nourriture de leurs larves. Les nécrophores vivent de substances animales et végétales en décomposition. Le fossoyeur est long de neuf lignes, il est noir et porte deux bandes orangées sur les élytres.

CINQUIÈME FAMILLE. — LES PALPICORNES.

Antennes courtes, terminées en massue.

SIXIÈME FAMILLE. — LES LAMELLICORNES.

Antennes insérées dans une fossette profonde sous les bords latéraux de la tête; elles ont neuf ou dix articles dont les trois derniers sont disposés en feuillets.

LE SCARABÉE HERCULE. (*Pl.* 23, *fig.* 10.) — Il est long de cinq pouces, noir; les élytres sont d'un vert pâle moucheté de noir; le mâle a sur la tête une corne recourbée et dentée, et une autre longue, avancée, velue en dessous, avec une dent de chaque côté du corselet. Cet insecte géant habite l'Amérique méridionale. La figure 11 représente le hanneton commun.

LE LUCANE CERF-VOLANT. (*Pl.* 23, *fig.* 12.) — Le mâle est long de deux pouces, il est noir et ses élytres sont bruns; sa tête est armée de deux fortes mandibules dentées, qui ont une ressemblance éloignée avec les cornes du cerf. Les femelles sont plus petites que les mâles, leurs mandibules sont courtes. Cet insecte vit de la liqueur mielleuse qui se trouve sur les feuilles de chêne, il n'a plus à passer qu'un mois d'existence lorsqu'il parvient à l'état parfait, mais il reste cinq ans dans son état primitif de larve; il passe cette longue période dans l'intérieur des chênes dont il ronge le bois.

DEUXIÈME SECTION. — LES HÉTÉROMÈRES.

Cinq articles aux quatre premiers tarses, et quatre aux deux derniers.

PREMIÈRE FAMILLE. — LES MÉLASOMES.

Élytres soudés, pas d'ailes, antennes grenues.

DEUXIÈME FAMILLE. — LES TAXICORNES.

Antennes courtes, en massue, insérées sous une saillie, sur les côtés de la tête.

TROISIÈME FAMILLE. — LES STÉNÉLYTRES.

Antennes sans massue, corps oblong, arqué en dessus, pieds alongés.

QUATRIÈME FAMILLE. — LES TRACHÉLIDES.

Tête triangulaire ou en cœur, portée sur un col; corps mou, élytres flexibles, quelquefois très-courts.

LE MELOÉ DE MAI. (*Pl.* 23, *fig.* 13.) — Corps bronzé à reflets rouges, tête et corselet ponctués, des bandes cuivreuses transverses sur l'abdomen. Les méloés font sortir de leur corps une liqueur jaune très-caustique, qui forme vésicatoire sur la peau humaine.

LA CANTHARIDE DES BOUTIQUES. (*Pl.* 23, *fig.* 14.) — Longue de dix lignes, d'un vert doré brillant. La cantharide vit sur le frêne, les lilas; on la pile pour servir de vésicatoire; ses élytres, prises à l'intérieur, sont un poison violent; la larve de cet insecte vit dans la terre et attaque les racines des végétaux.

TROISIÈME SECTION. — LES TÉTRAMÈRES.

Quatre articles à chaque tarse.

PREMIÈRE FAMILLE. — LES PORTE-BEC.

Tête prolongée en trompe ou en museau.

LA BRENTE A LÈVRES LARGES. (*Pl.* 23, *fig.* 15.) — Les brentes vivent sous les écorces d'arbres en Amérique ; une seule espèce se trouve en Italie. Ces insectes sont remarquables par l'alongement considérable de leur corps qui est très-étroit.

LA CALANDRE DES PALMIERS. (*Pl.* 23, *fig.* 16.) — Un pouce et demi de longueur. La massue des antennes tronquée, corps et élytres noirs, des poils soyeux à l'extrémité de la trompe. Cet insecte vit de la moelle des palmiers d'Amérique. Les habitants des Antilles mangent sa larve grillée, ils lui donnent le nom de ver palmiste ; suivant ce qu'ils disent, c'est un mets délicieux.

DEUXIÈME FAMILLE. — LES XYLOPHAGES.

Antennes grosses à leurs extrémités, pas de trompe. Palpes petites et coniques. Ces insectes vivent dans le bois et détruisent beaucoup d'arbres. Xylophage signifie mangeur de bois.

TROISIÈME FAMILLE. — LES PLATYSOMES.

Mandibules saillantes, palpes courts, corps déprimé, alongé, corselet carré ; mêmes habitudes que les xylophages.

QUATRIÈME FAMILLE. — LES LONGICORNES.

Dessous des trois premiers articles des tarses garni de brosses, antennes aussi longues ou plus longues que le corps.

LE PRIONE CERVICORNE. (*Pl.* 23, *fig.* 17.) — Il est long de quatre pouces et demi, brun varié de noir, antennes très-longues ; les priones ne volent que le soir ou la nuit, ils se tiennent sur les arbres. La larve du cervicorne vit dans le bois du bombax pentandrum, à Cayenne.

LE CALLICHROME ROSALIE. (*Pl.* 23, *fig.* 18.) — On le trouve dans les montagnes et surtout dans les Alpes, cependant on le rencontre quelquefois dans les chantiers de Paris, où sa larve se trouve apportée dans le bois. Cet insecte est d'un vert métallique brillant. La figure 19 représente la lamie belle, insecte dont le genre est très-voisin des callichromes.

CINQUIÈME FAMILLE. — LES EUPODES.

Les articles des tarses, à l'exception du dernier, sont garnis de pelotes en dessous, cuisses postérieures très-renflées.

SIXIÈME FAMILLE. — LES CYCLIQUES.

Corps arrondi, base du corselet de la largeur des élytres, les trois premiers articles des tarses spongieux.

LA CASSIDE ZÈBRE. (*Pl.* 23, *fig.* 20.) — Les cassides ont le corps déprimé, rond ; elles ressemblent à de petites tortues, le dessous est plat, de sorte que ces insectes sont comme collés sur les objets où ils se fixent. Les feuilles des plantes leur servent de nourriture. La casside zèbre est jaune rayée de noir. La figure 21 représente la chrysomèle pustulée.

LA GALÉRUQUE ALBICORNE. (*Pl.* 23, *fig.* 22.) — Les galéruques sont des insectes qui marchent lentement, se servent rarement de leurs ailes et se laissent tomber immobiles lorsqu'on les touche ; ils habitent les lieux humides et se nourrissent de feuilles. La galéruque albicorne vient de l'île de Java ; sa tête, son corselet et ses pattes sont d'un noir luisant, ses élytres sont d'un bleu tirant sur le violet, et ses antennes sont jaunes avec les trois premiers anneaux noirs.

SEPTIÈME FAMILLE. — LES CLAVIPALPES.

Antennes terminées en massue, mâchoires armées au côté interne d'une dent cornée, corps presque globuleux.

QUATRIÈME SECTION. — LES TRIMÈRES.

Trois articles à tous les tarses, antennes de onze articles.

PREMIÈRE FAMILLE. — LES FUNGICOLES.

Antennes plus longues que la tête et le corselet, corps ovale.

L'ENDOMYQUE ÉCARLATE. (*Pl.* 23, *fig.* 23.) — Les endomyques vivent dans les champignons et sous les écorces de quelques arbres. L'endomyque écarlate est noir, le corselet est rouge avec une tache noire, et les élytres sont d'un rouge sanguin avec deux taches noires sur chacune d'elles.

DEUXIÈME FAMILLE. — LES APHIDIPHAGES.

Corps hémisphérique, corselet en croissant, articles des tarses simples.

LA COCCINELLE TROIS POINTS. (*Pl.* 23, *fig.* 24.) — Les coccinelles sont ces jolis petits insectes que les enfants nomment bêtes à Dieu; on les trouve sur les arbres et les fleurs. Les larves des coccinelles vivent de pucerons, mais l'insecte parfait se nourrit de feuilles; on a vu quelquefois la coccinelle à cinq points et celle à vingt points dévorer les luzernes. La coccinelle boréale en Amérique détruit souvent les plantations de melons. La coccinelle à trois points est noire; ses élytres sont rouges marquées de trois points noirs.

TROISIÈME FAMILLE. — LES PSÉLAPHIENS.

lytres courtes, ne recouvrant pas l'abdomen en entier, antennes en massue, tarses entiers, le premier plus court que les suivants.

SIXIÈME ORDRE. — LES ORTHOPTÈRES.

PREMIÈRE FAMILLE. — LES COUREURS.

Pieds postérieurs uniquement propres à la course, étuis et ailes couchés horizontalement sur le corps.

LA BLATTE PALE. (*Pl.* 24, *fig.* 1.) — Les blattes sont des insectes nocturnes, très-agiles, répandant une mauvaise odeur, qui dévorent nos aliments, les étoffes de soie, de laine, le cuir même, et qui causent de grands dégâts. Les blattes d'Amérique ou kakerlacs, sont surtout excessivement malfaisantes. Dans le jour les blattes se réfugient dans les caves et les endroits humides et obscurs. La blatte pâle est d'un jaune roussâtre avec des taches noires sur les côtés de l'abdomen.

DEUXIÈME FAMILLE. — LES SAUTEURS.

Deux pieds postérieurs propres à sauter, le mâle fait entendre un son bruyant.

LA COURTILLIERE COMMUNE. (*Pl.* 24, *fig.* 2.) — La courtillière ou taupe-grillon est longue d'un pouce et demi, elle est brune en dessus, jaune-roussâtre en dessous ; ses jambes postérieures ont quatre dents ; ses ailes sont plus longues que leurs étuis. Cet insecte ravage les jardins potagers et les couches des jardiniers, il coupe les racines des plantes et les ronge pour se faire un passage, car la courtillière vit d'insectes, mais elle se creuse des galeries comme la taupe pour chercher sa proie ; en juillet elle se façonne un nid en forme de bouteille où elle pond et où elle élève ses petits. Le mâle fait entendre pendant la nuit une sorte de chant assez doux.

LA SAUTERELLE TACHETÉE. (*Pl.* 24, *fig.* 3.) — Elle est longue d'un pouce et demi, verte et tachetée de brun sur les étuis. On la trouve en Suède.

8

SEPTIÈME ORDRE. — LES HÉMIPTÈRES.

PREMIÈRE FAMILLE. — LES GÉOCORISES.

Antennes découvertes plus longues que la tête, tarses à trois articles. Cette famille comprend toutes les punaises de terre.

DEUXIÈME FAMILLE. — LES HYDROCORISES.

Antennes plus courtes que la tête, cachées sous les yeux. Les punaises d'eau sont carnassières et saisissent les insectes avec leurs pinces pour les dévorer.

LA NÈPE CENDRÉE. (*Pl.* 24, *fig.* 1.) — Elle est longue de huit lignes, de couleur cendrée avec le dessus de l'abdomen rouge et la queue plus courte que le corps, on la trouve dans tous les étangs des environs de Paris.

TROISIÈME FAMILLE. — LES CICADAIRES.

Étuis des ailes en toit et demi-membraneux. Trois articles aux tarses; antennes petites, bec commençant à la partie inférieure de la tête.

LA CIGALE PANACHÉE. (*Pl.* 24, *fig.* 5.) — Elle est longue d'un pouce, noire, couverte d'un duvet jaunâtre, élytres noires à leur bord extérieur, avec des nervures verdâtres. Les cigales vivent sur les arbres dans les contrées méridionales; le mâle fait entendre le soir un son bruyant et monotone; la femelle perce les branches avec une tarière dont elle est armée, et dépose ses œufs au milieu du bois. Les cigales se nourrissent de la sève des arbres.

QUATRIÈME FAMILLE. — LES APHIDIENS.

Tarses à deux articles, antennes filiformes. Cette famille renferme tous les pucerons que nous voyons vivre sur les jeunes

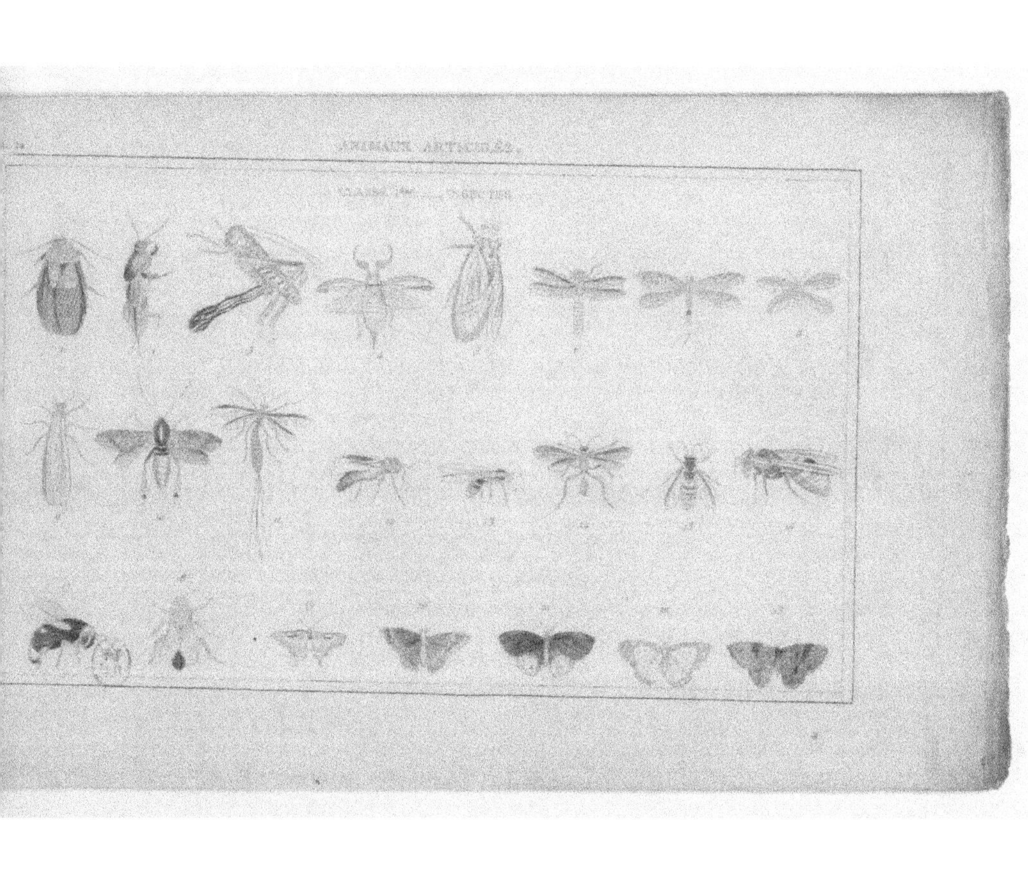

ANIMAUX ARTICULÉS.
CLASSE 1re. — INSECTES.

pousses des arbres et sur les feuilles ; ils se nourrissent de la sève et produisent une liqueur miellée dont les fourmis sont très-friandes.

CINQUIÈME FAMILLE. — LES GALLINSECTES.

Un seul article aux tarses et un seul crochet. Ces insectes vivent appliqués sur l'écorce et les feuilles des arbres ; ils semblent des taches qui s'y seraient formées ; on en voit beaucoup sur les feuilles des orangers. La cochenille, si précieuse pour teinture, vit sur le cactus nopal. Ces insectes se nourrissent de la sève.

HUITIÈME ORDRE. — LES NÉVROPTÈRES.

PREMIÈRE FAMILLE. — LES SUBULICORNES.

Antennes en alène, de la longueur de la tête.

LA GRANDE OESHNE. (*Pl.* 24, *fig.* 6.) — C'est ce bel insecte vulgairement appelé demoiselle, qui vole sur les eaux et dans les lieux humides ; elle est longue d'un pouce et demi, jaune, variée de brun. Elle se nourrit de mouches qu'elle prend au vol ; sa larve vit dans l'eau.

DEUXIÈME FAMILLE. — LES PLANIPENNES.

Ailes réticulées et nues ; les inférieures presque égales aux supérieures.

LE FOURMILION. (*Pl.* 24, *fig.* 7.) — Il est long d'un pouce, noir, tacheté de jaune ; ses ailes sont transparentes, leurs nervures sont noires. La larve de cet insecte détruit beaucoup de fourmis, de là vient le nom de lion des fourmis qu'on lui donne. Cette larve habite les lieux sablonneux ; elle est lente à la course ; elle creuse dans le sable des entonnoirs dont les côtés sont mouvants ; les fourmis qui passent sur les bords roulent au fond et sont dévorées ; si elles se retiennent dans leur chute, la larve lui lance avec sa tête une pluie de sable qui l'étourdit et l'entraîne. La figure 8 représente l'hémérobe perle.

TROISIÈME FAMILLE. — LES PLICIPENNES.

Ailes inférieures plus larges que les supérieures et plissées dans leur longueur.

NEUVIÈME ORDRE. — LES HYMÉNOPTÈRES.

PREMIÈRE FAMILLE. — LES PORTE-SCIE.

Abdomen uni au corselet par toute sa base ; les femelles ont une tarière en forme de scie pour déposer leur œufs.

LE TENTHRÈDE SEPTENTRIONAL. (*Pl.* 24, *fig.* 10.) — Tète et corselet noirs, cuisses et abdomen roux.

DEUXIÈME FAMILLE. — LES PUPIVORES.

Abdomen attaché au corselet par une simple portion de leur diamètre transversal. Les femelles ont une tarière.

L'ICHNEUMON MOQUEUR. (*Pl.* 24, *fig.* 11.) — Il est noir ; son abdomen et ses cuisses postérieures sont d'un jaune de rouille.

LE CHRYSIS ENFLAMMÉ. (*Pl.* 24, *fig.* 12.) — Tète et corselet bleus, mêlés de vert ; abdomen d'un rouge cuivreux.

TROISIÈME FAMILLE. — LES HÉTÉROGYNES.

Espèces vivant en société et composées de trois sortes d'individus, de mâles, de femelles et de neutres.

LA FOURMI FAUVE. (*Pl.* 24, *fig.* 13.) — Les neutres ont quatre lignes de longueur ; ils sont noirs. Cette fourmi recouvre l'entrée de sa demeure d'un dôme composé de terre et de fragments de bois ; c'est la plus grande espèce de nos contrées. L'histoire des fourmis est pleine d'intérêt.

QUATRIÈME FAMILLE. — LES FOUISSEURS.

Ailes étendues, un aiguillon ; pieds propres à creuser la terre.

LE SPHEX AZURÉ. (*Pl.* 24, *fig.* 14.) — Cet insecte est d'un bleu foncé brillant ; son abdomen tient au corselet par un pédicule ; on le trouve aux États-Unis. Les sphex pondent dans le sable, et comme leur larve est carnassière, ils déposent, près de l'œuf, des chenilles et des araignées qu'ils privent de la vie.

LE BEMBEX A BEC. (*Pl.* 24, *fig.* 15.) — Le bembex à bec est grand, noir, avec des bandes transversales jaunes sur l'abdomen. La femelle creuse des trous en terre, y pond plusieurs œufs, les remplit de cadavres d'insectes pour la nourriture des larves, puis bouche l'entrée du petit terrier et se retire.

CINQUIÈME FAMILLE. — LES DIPLOPTÈRES.

Antennes coudées et en massue ; trois sortes d'individus dans les espèces, des mâles, des femelles et des neutres ; ils se réunissent en société à l'époque de la ponte.

LA GUÊPE FRELON. (*Pl.* 24, *fig.* 16.) — Le frelon est long d'un pouce ; sa tête est fauve et jaune par devant, le thorax est noir, taché de fauve ; les anneaux de l'abdomen sont d'un brun noirâtre avec une bande jaune marquée de deux ou trois points noirs au bord postérieur. Les frelons font leur nid dans les lieux abrités, comme des greniers, des trous d'arbres, des murs creux ; il est arrondi, semble composé d'un papier gris grossier ; les rayons sont au milieu. Les frelons dévorent les abeilles et s'emparent de leur miel.

SIXIÈME FAMILLE. — LES MELLIFÈRES.

Le premier article des tarses des deux pieds postérieurs en forme de palette carrée, lèvres et mâchoires en forme de trompe. Genres composés de mâles de femelles et de neutres ; larves se nourrissant de miel.

LE BOURDON SOUTERRAIN. (*Pl.* 24, *fig.* 17.) — Cette mouche est noire ; le devant de son corselet est jaune, ainsi que la base de l'abdomen. Elle fait son nid sous terre et le recouvre de mousse.

L'ABEILLE MELLIFÈRE. (*Pl.* 24, *fig.* 18.) — C'est la mouche à miel de nos ruches, insecte intéressant par la construction de ses rayons, par son travail assidu, par la cire et le miel qu'il produit, les sociétés admirablement policées qu'il compose ; chaque ruche ne contient qu'une seule femelle, plusieurs centaines de mâles et de vingt à trente mille neutres qui travaillent et nourrissent les larves. C'est la femelle que l'on nomme reine. L'abeille est noirâtre, couverte de poils gris jaunâtres, le troisième anneau de l'abdomen et les suivants ont une petite bande transverse cendrée, formée par des poils très-courts. La piqûre des abeilles est excessivement douloureuse ; il suffit d'être piqué par une centaine d'abeilles pour trouver la mort. C'est le venin que l'aiguillon de la mouche introduit dans la peau qui est la cause de la douleur atroce que le blessé ressent. Les enfants ne doivent jamais s'approcher des ruches d'abeilles, parce que ces insectes entrent en fureur pour peu qu'on trouble leur tranquillité.

DIXIÈME ORDRE. — LES LÉPIDOPTÈRES.

Cet ordre se compose des papillons, insectes que vous poursuivez tous avec tant d'ardeur pour examiner de près leurs charmantes couleurs. La larve des papillons porte le nom de chenille ; elle file une coque dans l'intérieur de laquelle elle devient chrysalide, puis elle sort de cette enveloppe après s'être transformée en brillant et léger habitant des airs.

PREMIÈRE FAMILLE. — PAPILLONS DIURNES.

Bord extérieur des ailes inférieures dénué d'une soie rude, écailleuse, qui retient les deux ailes supérieures.

LE NYMPHALE MARS. (*P.* 24, *fig.* 20.) — Ce papillon est le plus beau des environs de Paris ; ses ailes, dentées, sont d'un brun noirâtre avec de magnifiques reflets violets dans le mâle, et des taches sous les ailes supérieures. Les ailes inférieures ont une bande blanche dentée. On le trouve dans le bois de Meudon et aux environs de Fontenay-aux-Roses. La figure 21 représente la satyre pagyris.

LE MACHAON. (*Pl.* 24, *fig.* 19.) — Il a les ailes jaunes avec des nervures noires et deux rangs de taches aurores sur leur bord postérieur. Les ailes inférieures se prolongent en queue; elles ont sur leurs bords un rang de taches bleues dont la plus interne est en forme d'œil. Ce papillon a trois pouces d'envergure; c'est le plus grand des papillons diurnes des environs de Paris.

La figure 22 représente l'érycine arthéanon, et la figure 23 l'érycine thersandre, qui se trouvent dans l'Amérique méridionale.

DEUXIÈME FAMILLE. — LES CRÉPUSCULAIRES.

Ils ne se montrent qu'après le coucher du soleil; ils ont près de l'articulation de leurs ailes inférieures une soie qui passe dans un crochet du dessous des ailes supérieures et les maintient dans la position horizontale pendant le repos.

LE SPHYNX ATROPOS. (*Pl.* 25, *fig.* 1.) — Ses ailes supérieures sont mélangées de brun foncé, de jaune-brun et de jaune clair; les inférieures sont jaunes avec deux bandes brunes. Le corselet est brun avec une tache jaune et deux points noirs imitant imparfaitement une tête de mort. L'abdomen est annelé de brun clair et de noir. Environs de Paris.

TROISIÈME FAMILLE. — LES NOCTURNES.

Ils ne volent que pendant la nuit. Dans le repos les ailes inférieures sont retenues comme dans la famille précédente. Les ailes sont disposées en forme de toit ou roulées autour du corps.

LA SATURNIE ATLAS. (*Pl.* 25, *fig.* 2.) — Ce papillon se trouve en Chine; c'est le plus grand que l'on connaisse; ses ailes sont arquées en forme de fer de faux; elles sont variées de brun, de fauve et de jaune, avec des taches vitrées. Sa chenille vit sur l'oranger; elle produit une bonne soie.

LE BOMBYCE QUEUE FOURCHUE. (*Pl.* 25, *fig.* 3.) — Il est gris-blanchâtre; son corselet est ponctué de noir ainsi que la base des ailes supérieures qui ont des lignes noirâtres en zigzag. Sa chenille se construit une coque avec de la sciure de bois qu'elle ronge et qu'elle agglutine au moyen d'une liqueur gommeuse.

LE BOMBYCE DU MURIER. (*Pl.* 25, *fig.* 4.) — Il est blanchâtre avec trois raies obscures et transverses, et une tache en croissant sur les ailes supérieures. Sa chenille est le ver à soie. Ce papillon se nourrit de feuilles de mûrier blanc ; il est originaire de la Chine, et s'est acclimaté en France et en Italie ; la variété dite sina , qui ne donne que de la soie blanche est la plus estimée. Le bombyce du mûrier a été introduit en Occident sous le règne de Justinien par deux moines de Constantinople qui venaient de la grande Bucharie où une colonie chinoise s'était établie à la suite des incursions des Huns. La figure 5 représente le callimorphe phasilea, et la figure 6 la noctuelle fiancée.

ONZIÈME ORDRE — LES RHIPIPTÈRES.

Ce sont des insectes excessivement petits, qui vivent en parasites sur les guêpes et les andrènes.

DOUZIÈME ORDRE. — LES DIPTÈRES.

PREMIÈRE FAMILLE. — LES NÉMOCÈRES.

Antennes composées de neuf à seize articles, et plus longues que la tête ; une trompe fort longue, thorax bossu, balanciers des ailes à découvert, ailerons peu apparents.

DEUXIÈME FAMILLE. — LES TANYSTOMES.

Dernier article des antennes sans division transverse ; un suçoir composé de quatre pièces.

L'ASILE FRELON. (*Pl.* 25, *fig.* 12.) — Cette mouche est longue d'un pouce ; sa couleur est le jaune d'ocre, avec les trois premiers anneaux de l'abdomen d'un noir velouté, les autres d'un jaune fauve et les ailes roussâtres. La figure 11 représente l'asile teuton, et la figure 15 le rhagion bécasse.

INSECTES ET ARACHNIDES.

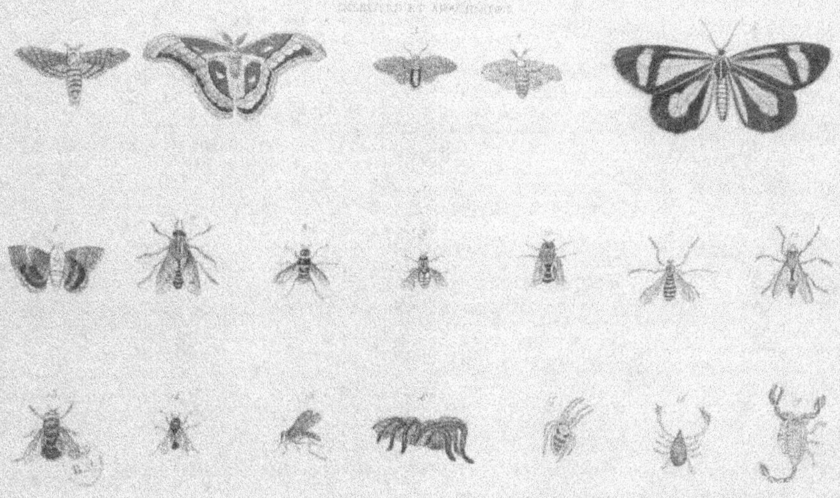

TROISIÈME FAMILLE. — LES TABANIENS.

Une trompe saillante terminée par deux lèvres; suçoir de six pièces; dernier article des antennes annelé.

LE TAON DES BOEUFS. (*Pl.* 25, *fig.* 7.) — Il est noir et brun-roussâtre; sa taille est d'un pouce. Sa larve vit en terre.

QUATRIÈME FAMILLE. — LES NOTACANTHES.

Troisième article des antennes divisé transversalement; suçoir de quatre pièces; trompe très-courte.

LA NÉMOTÈLE ULIGINEUSE. (*Pl.* 25, *fig.* 8.) — Elle est noire, lisse, le dessus de l'abdomen est blanc avec la base du premier anneau, le bord du troisième et du quatrième noir. On trouve cette mouche sur les fleurs aux environs de Paris.

CINQUIÈME FAMILLE. — LES ATHÉRICÈRES.

Trompe terminée par deux grandes lèvres; suçoir de deux ou de quatre pièces.

L'ÉRISTALE PENDANTE. (*Pl.* 25, *fig.* 9.) — L'éristale pendante est noire; sa tête est jaune avec une bande noire; le corselet a quatre lignes jaunes, et l'abdomen porte trois paires de taches de la même couleur. La figure 10 représente l'élophile abeilliforme, la figure 13 l'échinomye géante, la figure 14 la mouche méridienne.

SIXIÈME FAMILLE. — LES PUPIPARES.

Antennes courtes, composées d'un tubercule surmonté d'une soie; trompe ayant un suçoir en filet, corps large, très-résistant. Ces mouches vivent en parasites sur les mammifères et les oiseaux.

DEUXIÈME GROUPE. — LES MOLLUSQUES.

Les mollusques, comme l'indique leur nom, sont des animaux mous qui n'ont point de moelle épinière, et dont le système nerveux consiste en quelques masses médullaires disséminées dans le corps, desquelles sortent des filets de nerfs. La principale masse est appelée cerveau. Le sang de ces animaux est blanc; leur peau est nue, très-sensible; elle paraît contenir tout à la fois le sens du toucher et celui de l'odorat; dans le plus grand nombre des genres elle forme un repli qui couvre le corps et que les naturalistes nomment manteau.

Parmi les mollusques, les uns habitent des coquilles, les autres sont nus, c'est-à-dire dépourvus de cette sorte de demeure. Les coquilles sont calcaires (composées de chaux); elles varient à l'infini dans leurs formes, leur éclat, leurs couleurs; on en rencontre de terrestres, de fluviatiles, de lacustres (dans les eaux des lacs) et surtout de marines.

PREMIÈRE CLASSE. — LES CÉPHALOPODES.

Une tête environnée de prolongemens charnus qui servent à la marche et à saisir les objets. Céphalopodes signifie pieds à la tête.

L'ARGONAUTE PAPYRACÉ. (*Pl.* 21, *fig.* 5.) — Ce mollusque habite une coquille blanche, transparente, roulée en spirale; il s'en sert comme d'une petite embarcation; il rame avec six de ses pieds ou tentacules, et relève en forme de voiles les deux derniers qui sont larges et minces. Lorsque la mer s'agite, l'argonaute rentre dans sa coquille et se laisse couler à fond; l'argonaute se trouve dans la mer Méditerranée.

LE NAUTILUS POMPILIUS. (*Pl.* 21, *fig.* 4.) — Cette coquille est très-grande; elle est nacrée intérieurement, blanche et variée de bandes fauves en dehors. La figure 3 représente le nautile ou spirale de Péron.

L'ONYCHOTHENTIS CARAÏBE. (*Pl.* 21, *fig.* 1.) — Ce mollusque a une lame osseuse dans le dos au lieu de coquille; sa tête est entourée de huit bras terminés par des crochets et armés de ventouses; c'est une sorte de seiche qui se trouve dans la mer des Antilles. La figure 2 représente le léachia cyclura, autre sorte de seiche de l'Océan.

LA TURRILITE TUBERCULEUSE. (*Pl.* 21, *fig.* 6.) — Cette coquille est fossile; elle se trouve dans les roches calcaires; elle est conique et contient intérieurement une spirale rapide.

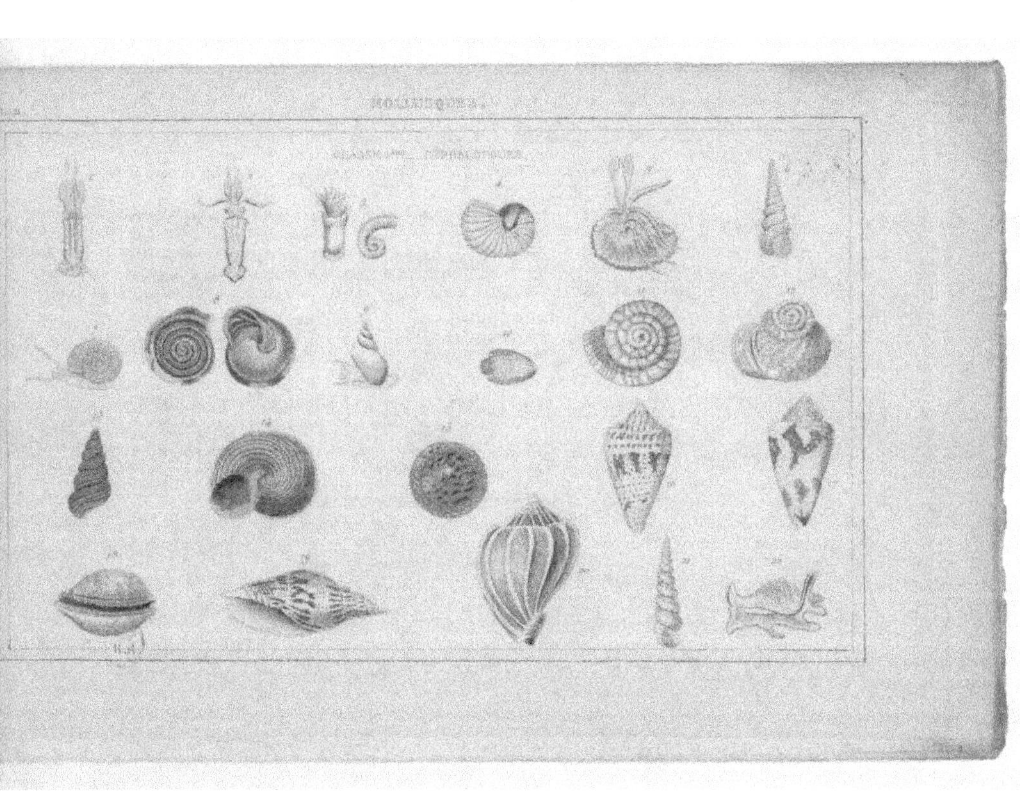

CLASSE 1ère. CÉPHALOPODES.

DEUXIÈME CLASSE. — LES PTÉROPODES.

Organes du mouvement en forme de nageoires, et placés des deux côtés de la bouche.

Cette classe renferme les clios, les cymbulies, les pneumodermes, etc. Les clios sont de petits mollusques abondants au sein des eaux des mers polaires; elles servent de nourriture aux baleines. Ptéropode signifie pieds en forme de nageoires.

TROISIÈME CLASSE. — LES GASTÉROPODES.

Un disque charnu sous le ventre pour servir à la marche. Gastéropode signifie en grec, pied au ventre.

L'HÉLICE COR DE CHASSE. (*Pl.* 21, *fig.* 7.) — Cette coquille est déprimée ou à spire aplatie; elle est noire; elle se trouve dans les lacs de l'Europe et de l'Asie. La figure 8 représente l'hélice enfoncée.

LE BULIME STAGNAL. (*Pl.* 21, *fig.* 9.) — On trouve encore cette coquille dans les eaux stagnantes; elle est assez commune aux environs de Paris; elle est brune et oblongue. La figure 10 représente la bulle rayée.

LE CADRAN TACHETÉ. (*Pl.* 21, *fig.* 11.) — Les cadrans ont une spire en cône très-évasé; un cordon crénelé en marque les bords intérieurs.

LE TURBO ONDULÉ. (*Pl.* 21, *fig.* 12.) — Les turbos ont la coquille ronde, épaisse; l'animal intérieur a les yeux portés sur deux pédicules. Le turbo ondulé est une belle coquille de la mer des Indes très-variable dans sa coloration.

LE CYCLOSTOME MOMIE (*Pl.* 21, *fig.* 13.) — Cette coquille ne se trouve qu'à l'état fossile. Les cyclostomes sont terrestres; ils habitent sous les mousses et les écorces. La figure 14 représente la dauphinule lime.

LA PATELLE OMBELLE. (*Pl.* 21, *fig.* 15.) — Cette coquille ressemble à un cône aplati; de son sommet part un grand nombre de côtes rayonnantes aboutissant à la circonférence; elle est diaphane, rose, rayonnée de blanc. On la trouve sur les côtes d'Afrique.

LE CONE ÉCRIT. (*Pl.* 21, *fig.* 16.) — Les cônes ont reçu leur nom à cause de leurs formes ; le cône écrit est blanc nuancé de rose et tacheté de points et de lignes noires qui ont un peu de ressemblance avec une écriture à demi effacée. Le cône cédonulli (*fig.* 17) a deux bandes transverses, irrégulières, blanches, circonscrites de brun, et des lignes ponctuées. Ces coquilles viennent des côtes de l'Amérique méridionale.

LA PORCELAINE GÉOGRAPHIQUE. (*Pl.* 21 , *fig.* 18.) — Les porcelaines sont de charmantes coquilles venant des mers équatoriales ; les couleurs les plus brillantes et les plus variées nuancent leurs surfaces : aussi sont-elles recherchées des amateurs de collections. La porcelaine géographique est blanche et rose, semée de lignes noires légères qui rappellent les contours des côtes, dessinés sur les cartes.

LA VOLUTE PONCTICULÉE. (*Pl.* 21, *fig.* 19.) — Les volutes ont le dernier tour de leur spire renflé, leur animal à un pied charnu, grand, épais, un voile membraneux sur la tête, une trompe fort longue. La volute ponctuée vit dans l'Océan indien.

LA HARPE MUTIQUE. (*Pl.* 21, *fig.* 20.) — Cette coquille fossile n'a pas d'analogue vivant ; elle est plus petite que toutes les harpes actuelles ; elle est très-ventrue et se distingue par ses côtes étroites sans aiguillons. On reconnaît les coquilles du genre harpe à leurs côtes saillantes et transversales sur les tours de la spire intérieure.

LA VIS FAVAT. (*Pl.* 21, *fig.* 21.) — Les vis ont une forme alongée et turriculée, c'est-à-dire que leur spirale intérieure est prolongée en pointe. La vis favat est unie, sans dentelures et couverte de taches carrées jaunâtres ; on la trouve dans la mer des Indes. La figure 22 représente le murex tribulus.

LE FUSEAU DENT DE SCIE. (*Pl.* 22, *fig.* 1.) — Cette coquille est très-rare, elle est fossile et se trouve à Parnes aux environs de Paris. Elle est longue comme tous les fuseaux et terminée par une pointe aigue ; le milieu porte des dents saillantes et régulièrement espacées.

L'HALIOTIDE ORMIER. (*Pl.* 22, *fig.* 2.) — Cette grande et belle coquille se trouve dans l'Océan, sur les côtes d'Afrique et sur les côtes de l'Inde ; elle a la forme d'une oreille humaine colossale ; son intérieur est nacré et irisé ; le long du bord

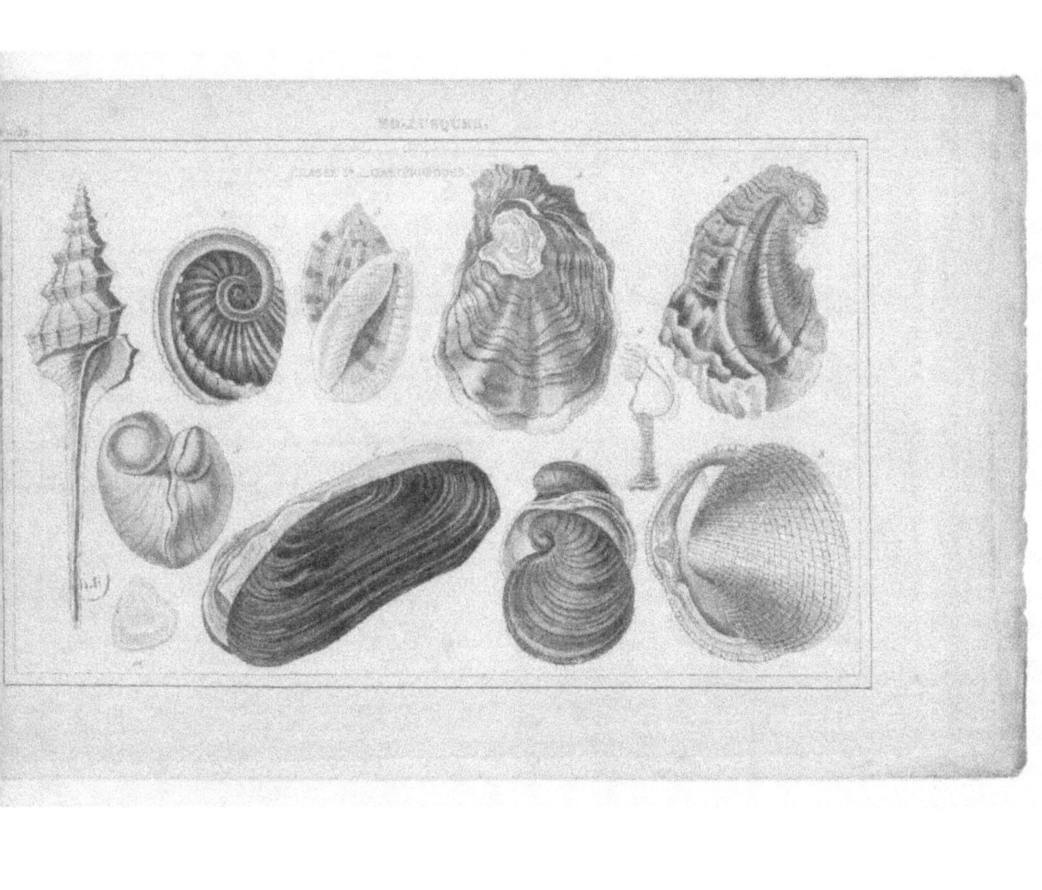

gauche est une rangée de trous ronds dont le nombre varie. L'animal de l'ormier a une très-grosse tête, et un pied qui déborde la coquille. La figure 3 représente le casque treillisé.

QUATRIÈME CLASSE. — LES ACÉPHALES.

Pas de tête apparente, la bouche cachée dans un repli du manteau.

L'HUITRE VULGAIRE. (*Pl.* 22, *fig.* 5.) — La coquille de ce mollusque est bivalve, c'est-à-dire composée de deux moitiés semblables, articulées par une charnière et s'ouvrant à la manière d'une boîte. La coquille de l'huître est d'un blanc sale, elle est rugueuse au dehors, nacrée en dedans.

LA GRYPHÉE ANGULEUSE. (*Pl.* 22, *fig.* 4.) — La gryphée anguleuse est la seule coquille de ce genre qui soit encore aujourd'hui vivante: encore est-elle excessivement rare. Cette coquille a tantôt un crochet, caractère assigné au genre gryphée, tantôt n'en a pas, selon les lieux qu'elle habite. La gryphée anguleuse est blanche, nuancée de rose; elle se trouve dans les mers équatoriales. La figure représente le dicerate gauche, coquille fossile qui se trouve à Saint-Mihiel et en Normandie.

L'ISOCARDE COEUR. (*Pl.* 22, *fig.* 6.)—L'isocarde cœur existe dans la mer Méditerranée; elle est grande, lisse, rousse, bombée, et les sommets de ses valves sont recourbés en spirales.

LA GLYCYMÈRE SILIQUE. (*Pl.* 22, *fig.* 7.) — Cette coquille habite la mer glaciale; sa charnière n'a ni dents ni fossette; elle est brune en dehors et d'un blanc grisâtre en dedans.

LA CORBEILLE PÉTUNCLE. (*Pl.* 22, *fig.* 8.) — C'est une grande coquille fossile, qui se trouve à Valognes, en Normandie, à Parnes et à Chaumont, aux environs de Paris; sa forme est presque circulaire; elle est striée selon sa longueur; le gris est sa couleur.

CINQUIÈME CLASSE. — MOLLUSQUES BRACHIOPODES.

Brachiopode signifie pieds courts. Deux bras courts au lieu de pieds.

Cette classe renferme peu de genres, qui sont : les térébratules, les spirifères, les thécidées, les orbicules et les cranies.

SIXIÈME CLASSE. — MOLLUSQUES CIRRHOPODES.

Des filets nommés cirrhes, disposés par paires le long du ventre, et servant de nageoires. Cirrhopodes signifie pieds en vrilles.

L'ANATIFE LISSE. *Pl. 22, fig. 9.)* — Ce mollusque est très-répandu dans nos mers, où il s'attache aux rochers, aux pièces de bois, à la quille des navires. L'anatife a une coquille à plusieurs valves soutenues par un pied membraneux. La bouche de l'animal est cachée derrière un muscle transverse très-fort qui réunit les deux premières valves près de leur sommet.

Treizième Leçon.

LES ANNÉLIDES ET LES ANIMAUX RAYONNÉS.

QUELQUES APERÇUS SUR LES VÉGÉTAUX ET LES MINÉRAUX.

Notre dernière leçon a été fort longue: nous avions à tracer les caractères principaux des premières classes de la division des invertébrés, aujourd'hui nous terminerons ce petit cours élémentaire en achevant la classification des animaux et en disant quelques mots sur les végétaux et les minéraux, afin de compléter l'ensemble du tableau que présentent à notre étude les deux règnes de la nature : le règne organique, ou des êtres vivants, et le règne inorganique, ou des êtres bruts et inertes.

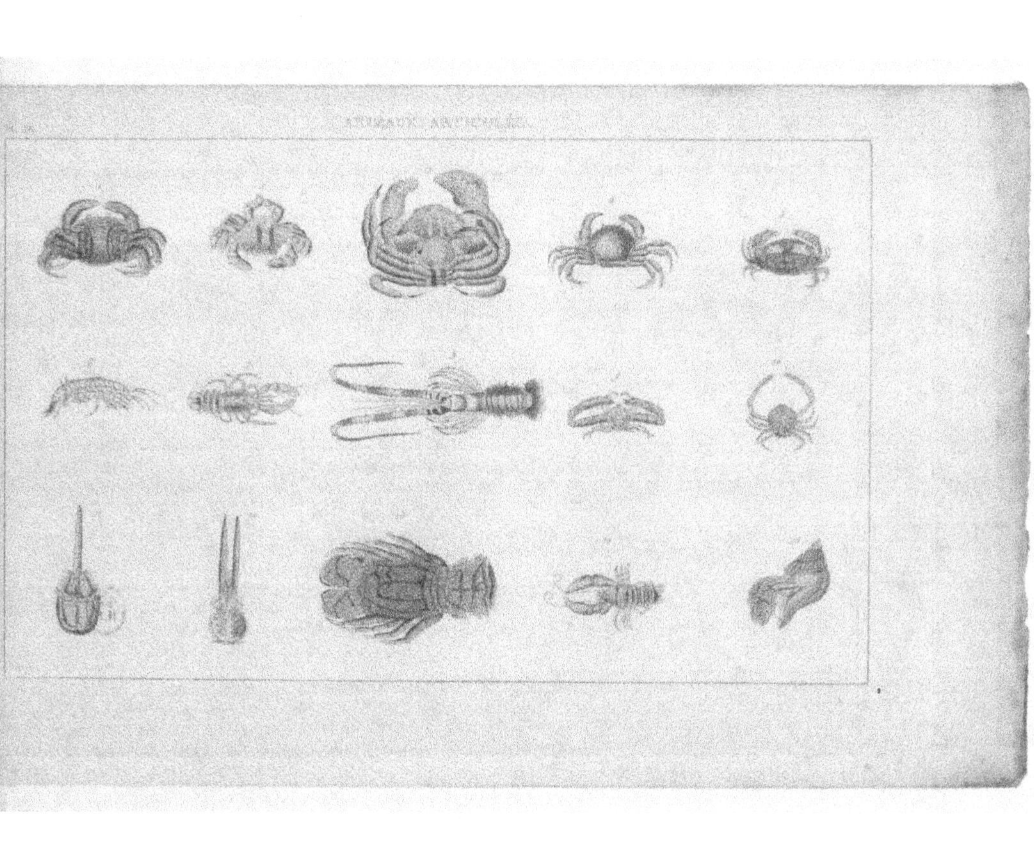

Nous traiterons donc d'abord des deux dernières classes des animaux sans vertébres, les annélides, puis du groupe des zoophytes.

LES ANNÉLIDES

Ces êtres, à cause de leur simplicité d'organisation, doivent être rangés à la suite des mollusques, et immédiatement avant les zoophytes ou animaux rayonnés qui occupent le degré le plus inférieur de l'échelle animale; en cela, nous nous écartons de la classification de Cuvier, qui faisoit des annélides la première classe des animaux articulés; cependant, quelle immense éloignement n'y a-t-il pas entre le lombric terrestre et les néréides, et les crustacés ainsi que les insectes! Le raisonnement se refuse donc à placer ces derniers à la suite des annélides, qui se rattachent plutôt aux mollusques.

Les annélides ont le sang rouge: c'est là le seul caractère qui leur soit commun avec les animaux vertébrés, et qui avait décidé notre illustre Cuvier à les placer à la tête de la classe des articulés. Cependant il rangeait avant eux les mollusques, dont le sang est blanc, et l'organisation moins compliquée que celle des insectes. Le corps des annélides est mou et composé d'anneaux articulés entre eux. Tous ces animaux vivent dans l'eau à l'exception des lombrics ou vers de terre. Les annélides sont divisés en trois ordres : 1° les tubicoles, dont les branchies sont en forme de panache, et qui habitent des tuyaux qu'ils construisent.

2° Les dorsibranches, qui ont les branchies ramifiées en forme de houppes et les portent le long des parties latérales du dos.

3° Les abranches, qui n'ont pas de branchies et qui respirent par toute la surface de la peau.

PREMIER ORDRE. — LES TUBICOLES.

LA SERPULE A TUBES CONTOURNÉS. (*Pl.* 26, *fig.* 1.) — Ce ver habite nos mers, il construit des tubes calcaires dont il entoure les coquillages des mollusques, et tous les objets plongés dans l'Océan; les branchies de la serpule dont nous parlons sont rouges variées de jaune ou de violet.

L'AMPHITRITE A RUCHES. (*Pl.* 26, *fig.* 2.) — L'amphitrite à ruches vit en société, c'est-à-dire que ces animaux accollent leurs tubes les uns aux autres, de manière à ce que leurs orifices figurent les alvéoles d'une ruche d'abeilles; chaque tube est habité par une amphitrite; les annélides de ce genre se reconnaissent aux rayons jaunes dorés qui entourent leur tête en forme de couronne. On trouve cette espèce le long des côtes de France.

DEUXIÈME ORDRE. — LES DORSIBRANCHES.

LA NÉRÉIDE FAUVE. (*Pl.* 26, *fig.* 3.) — On reconnaît les néréides à leurs tentacules en nombre pair, attachées aux côtés de la base de la tête; à leur trompe qui contient une paire de mâchoires. Ces vers sont très-communs sur nos côtes. La néréide fauve habite la mer du nord. La figure 4 représente la néréide fasciée.

TROISIÈME ORDRE. — LES ABRANCHES.

LA SANGSUE OFFICINALE. (*Pl.* 26, *fig.* 5.) — Les sangsues ont le corps oblong, quelquefois déprimé, ridé transversalement; leur bouche est entourée d'une lèvre, et l'extrémité postérieure munie d'un disque aplati, avec lequel elles se fixent au corps par une sorte de succion. Ce disque sert aussi d'organe du mouvement, car, après s'être fixées, les sangsues s'alongent, s'attachent par la tête, rapprochent leur disque, le fixent de nouveau et avancent. La sangsue officinale est celle que l'on emploie en médecine et qui rend de si grands services. Elle est d'un noir verdâtre, rayée de jaune en dessus, jaunâtre et tachée de noir en dessous. On la trouve dans toutes les eaux dormantes.

QUATRIÈME DIVISION DES INVERTÉBRÉS. — LES ZOOPHITES.

Les zoophytes ou animaux rayonnés sont les plus simples de tous les êtres; ils ne consistent pour la plupart qu'en une sorte de sac à une seule ouverture, servant à l'introduction des aliments et à rejeter le superflu de la digestion, il n'ont ni vaisseaux ni nerfs bien apparents. Ils ont été nommés zoophytes, c'est-à-dire animaux-plantes, parce que plusieurs d'entre eux, par leurs couleurs et par les rayons semblables à des pétales de fleurs qui entourent leur bouche, ont une grande ressemblance avec certains végétaux. Cette division renferme cinq classes : 1° les échinodermes, qui ont la peau hérissée de pointes

LE MILLÉPORE CELLULEUX. (*Pl.* 26, *fig.* 17.) — Ce polype se construit des habitations calcaires habitées par des sociétés nombreuses; ces habitations, extérieurement, sont criblées d'ouvertures.

Conclusion.

APERÇUS SUR LES VÉGÉTAUX ET LES MINÉRAUX.

Nous allons terminer, mes chers enfants, nos conversations sur les éléments de l'histoire naturelle ; j'aurais à vous entretenir longuement encore des plantes, des métaux et des roches, si le temps des vacances que vous voyez arriver avec tant de bonheur ne venait nous séparer pour quelques jours et nous inviter au repos. Dans quelques semaines je vous donnerai des détails plus complets sur ces deux derniers groupes d'êtres, objet des considérations de deux sciences particulières, la botanique et la minéralogie.

Les végétaux sont des êtres vivants, mais doués d'une sensibilité obscure, on peut même dire inappréciable, si ce n'est dans un très-petit nombre d'espèces, comme dans la sensitive, par exemple. Les végétaux sont fixés au sol sur lequel ils ont pris naissance et qui leur fournit la nourriture. Comme les animaux, ils ont des organes, des vaisseaux, une circulation, comme eux, ils respirent, se nourrissent et s'accroissent. On nomme sève le liquide qui circule dans les vaisseaux du végétal. Les parties constitutives d'un végétal sont l'écorce, le bois ou les fibres ligneuses, les vaisseaux, le tissu cellulaire et la moelle. L'écorce est l'enveloppe extérieure, la peau du végétal ; elle est formée, dans les grands arbres forestiers, d'un épiderme, de la couche celluleuse et du liber ; dans les herbes, on ne reconnaît à l'écorce que l'épiderme et la couche celluleuse. Le bois se divise en aubier et en bois proprement dit. L'aubier est immédiatement placé sous l'écorce ; en général il est blanc et mou ; il se produit tous les ans, et, l'année suivante, se transforme en bois ; de là vient que, sur un tronc d'arbre scié horizontalement, on voit une suite de cercles placés les uns dans les autres qui indiquent l'âge de l'arbre, parce qu'ils sont dus à la production annuelle de l'aubier. Le bois est la partie la plus dure du corps des arbres, et les couches de bois sont d'autant plus dures qu'elles se rapprochent davantage du centre. Au milieu du bois, à la partie centrale du tronc et des branches, est la moelle, organe celluleux qui semble le siége de la vitalité et avoir quelque analogie avec les nerfs et la moelle vertébrale des animaux. Quant au tissu cellulaire, comme celui des animaux, il sert à lier et à unir entre elles toutes les parties des végétaux. La tige des herbes ne se compose que de moelle, de vaisseaux, et de quelques fibres ligneuses assez abondantes dans certaines plantes, telles que l'ortie, le lin, le chanvre, pour être transformées en filasse, puis en fil, enfin en toile. Les organes végétaux sont : la racine, la tige, les rameaux, les feuilles, les fleurs et les fruits.

La racine est placée en terre, excepté dans les plantes parasites, c'est-à-dire qui vivent aux dépens d'autres végétaux, comme le gui, la vanille, l'orobanche ; dans ces plantes la racine s'enfonce dans le tissu même du bois de l'arbre sur lequel elle se nourrit. La racine est destinée à fixer le végétal au sol et à y chercher la nourriture : à cet effet elle se termine par des filets déliés, pourvus de bouches absorbantes à leurs extrémités.

Le tronc sert de corps, de support à la plante ; les vaisseaux qui naissent de la racine et ceux qui sortent des feuilles le parcourent ; c'est le tronc qui détermine la hauteur, la forme et la solidité du végétal. Les branches ou rameaux sont les divisions du tronc ; les branches supportent les feuilles. Ces derniers organes sont membraneux ; leur destination est d'absorber l'air et l'humidité de l'atmosphère : les feuilles sont donc les organes de la respiration des végétaux.

Les fleurs servent à la reproduction ; elles préparent et précèdent le fruit. On distingue dans une fleur complète : 1° le calice, enveloppe extérieure le plus ordinairement verte ; 2° la corolle, partie colorée, parfumée, composée de pièces nommées pétales ; 3° les étamines, filets qui se terminent par des organes appelés anthères, sur lesquels on voit une poussière jaune destinée à donner la vie aux germes contenus dans l'ovaire ; 4° au centre de la fleur et au fond de la corolle on aperçoit l'ovaire surmonté du pistil ou des pistils, car quelquefois ils sont en grand nombre. L'ovaire est le fruit à l'état

et un intestin distinct ; 2° les vers intestinaux, animaux incommodes et parasites qui naissent et vivent dans les intestins de l'homme et de toutes les espèces animales ; 3° les acalèphes ou orties de mer, sacs vivants à une seule ouverture ; 4° les polypes, petits animaux gélatineux vivant dans les eaux salées et dans les eaux douces ; 5° les infusoires, êtres infiniment petits que le microscope fait découvrir par milliers dans les liquides, et surtout dans les eaux dormantes et dans les humeurs des animaux.

PREMIÈRE CLASSE. — ÉCHINODERMES.

L'ASTÉRIE CORDIFORME. (*Pl.* 26, *fig.* 6.) — Les astéries ou étoiles de mer ont reçu leur nom de la forme rayonnée de leur corps. Les rayons des astéries sont ordinairement au nombre de cinq au centre, et au dessous est l'unique ouverture qui sert de bouche et d'extrémité intestinale.

DEUXIÈME CLASSE. — LES INTESTINAUX.

LE STRONGLE DU CHEVAL. (*Pl.* 26, *fig.* 7.) — Ce ver est long de deux pouces, il a une tête sphérique, dure, dont la bouche est garnie d'épines molles. On trouve ce ver non seulement dans les intestins, mais même jusque dans les artères du cheval, de l'âne et du mulet.

LE TÉNIA A LONGS ANNEAUX. (*Pl.* 26, *fig.* 8.) — Ce ver a depuis quatre jusqu'à dix aunes de longueur ; il est composé d'anneaux larges et plats articulés entre eux. Ce ver habite l'estomac de l'homme.

TROISIÈME CLASSE. — ACALÈPHES.

LA PÉLAGIE PANOPYRE. (*Pl.* 26, *fig.* 9.) — Elle habite la mer du Sud, sa bouche se prolonge en pédoncule, et le pourtour se divise en bras ; la pélagie panopyre a, comme toutes les méduses, un disque convexe, qui lui donne l'aspect d'un champignon.

LE BÉROÉ GLOBULEUX. (*Pl.* 26, *fig.* 10.) — Cet acalèphe a le corps sphérique, garni de huit sillons profonds ; il porte deux tentacules ciliés susceptibles d'une grande extension. Il est très-commun dans la Manche et la mer du Nord.

LE PORPYTE OMBRELLE. (*Pl.* 26, *fig.* 11.) — Il est d'un beau bleu, sa face inférieure est garnie d'une multitude de tentacules. On le trouve dans la mer Méditerranée.

LA PHYSALE CYSTISOME. (*Pl.* 26, *fig.* 12.) — La physale semble une très-grande vessie flottante ; elle est oblongue, relevée en dessus d'une crête saillante et ridée, garnie en dessous d'une multitude de filaments charnus ; on trouve la physale à la surface de la mer dans les temps calmes ; son contact produit la même sensation que la piqûre de l'ortie. Cet animal existe dans les mers tropicales. La figure 13 représente la velelle scophidie des mêmes mers.

QUATRIÈME CLASSE. — POLYPES.

L'ACTINIE ONDULEUSE. (*Pl.* 26, *fig.* 15.) — Les actinies ont un corps charnu, orné de couleurs vives et entouré de nombreux tentacules placés autour de la bouche, de manière à figurer les pétales d'une fleur double, ce qui leur a fait donner le nom d'anémones de mer. Ces animaux singuliers se reproduisent par boutures : en les coupant par morceaux, chaque pièce devient un animal complet. Les actinies n'ont qu'une ouverture qui se dilate excessivement lorsqu'elles éprouvent le sentiment de la faim ; alors elles saisissent et avalent les poissons, les crustacés, les coquilles qui se trouvent à leur portée, et les digèrent rapidement. L'actinie onduleuse se trouve dans l'Océan du sud.

LE TUBIPORE MUSIQUE. (*Pl.* 26, *fig.* 16.) — Les tubipores sont des polypes gélatineux, qui construisent des tubes calcaires réunis entre eux, dans lesquels ils habitent. Le tubipore musique ressemble à des tuyaux d'orgues ; il est rouge ; les polypes qui l'habitent sont verts.

L'IRIS CORAIL. (*Pl.* 26, *fig.* 18.) — Le corail rouge est recherché à cause de la belle couleur et de la dureté de l'axe central que recouvre le polype. On le pêche dans la mer Méditerranée, surtout sur la côte d'Afrique, et on en fabrique des bijoux.

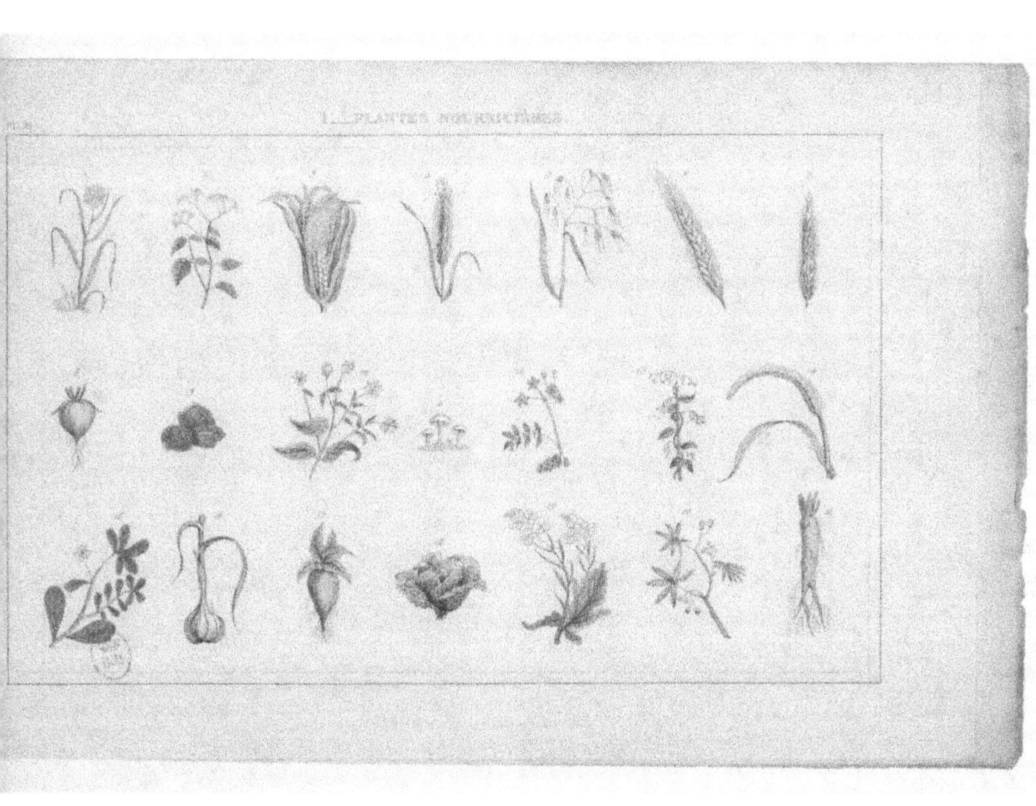

rodimentaire ; il contient les germes qui deviendront les graines ; les pistils sont destinés à recevoir la poussière des étamines (pollen), à en absorber la liqueur intérieure, et à la conduire, par un canal approprié, dans l'ovaire.

Le nombre des végétaux est immense ; diverses classifications servent à les ranger par ordres, par genres et par espèces, comme nous avons vu qu'on classait les animaux. Les principales de ces classifications sont celles de Tournefort, de Linnée, de Richard, et la méthode naturelle de Jussieu, aujourd'hui universellement adoptée.

Sous le rapport de leur emploi, on peut ranger les plantes en trois groupes : 1° les arbres et les arbustes ; 2° les plantes nourricières et médicinales ; 3° les fleurs d'agrément. Quoique ce ne soit pas là une classification scientifique, c'est dans cet ordre que je vous en montrerai quelques unes pour abréger. Le premier tableau des végétaux, celui de la planche 28, renferme quelques arbres et quelques arbustes. La figure première représente une branche de chêne avec son fruit, qui est le gland. La figure 8 montre l'érable, la figure 15 le sapin, 13 l'acajou, 16 le palmier datier, 5 le garcinia, 2 le pin, 10 le mûrier, 14 le bananier de Madagascar, 9 le thé, 10 le caféyer, 4 le houx, 3 le muscadier.

Le second tableau nous montre quelques unes des principales plantes nourricières, ou mieux, nutritives. La figure première représente la canne à sucre, la figure 2 le maïs, 4 le blé, 5 l'avoine, 6 le seigle, 7 l'orge, 8 le radis, 9 la truffe, 10 le sarrazin, 11 le champignon bolet, 12 la pomme de terre, 13 le haricot, 14 le salep, 15 la luzerne, 16 l'ail, 17 le navet, 18 le chou, 19 le cochléaria, 20 l'anis, 21 le panais.

Le troisième tableau (*Pl.* 30) sert de suite aux plantes nutritives ; on y voit : figure 1 le melon, 2 l'épinard, 3 le concombre, 5 la carotte, 6 l'artichaut, 7 l'asperge, 8 le chou-fleur, 11 le potiron, 12 la capucine, 13 la tomate, 14 le poivrier, 15 le riz, 16 l'arachis, 18 le trèfle, 19 la chicorée, 21 la laitue.

Le quatrième tableau (*Pl.* 31) offre à nos regards quelques unes des fleurs qui ornent nos parterres. Ce sont : figure 1 l'œillet, 2 l'amaranthe, 3 la campanule, 4 l'aristoloche, 5 le narcisse, 6 le tristan à feuilles de laurier rose, 7 la pensée, 8 le laurier, 9 la pervenche, 10 la marguerite, 11 la rose, 12 le convolvulus des haies, 13 la passiflore, 14 le lys, 15 la tulipe, 16 la violette, 18 la boule de neige, 19 le laurier-rose, 20 la gesse odorante, 21 le géranium, 22 la reine-marguerite, 23 l'arum, 24 la renoncule.

Les minéraux constituent le règne inorganique. On définit les minéraux des substances inertes, c'est-à-dire privées de la vie, sans trace d'organisation, composées de parties infiniment petites appelées molécules et atômes, (parties qui sont soumises à l'action des forces physiques et chimiques.)

Les minéraux se rangent dans trois classes : 1° les pierres ; 2° les métaux ; 3° les substances combustibles.

Parmi les pierres, on place en première ligne les carbonates de chaux, qui comprennent : la pierre à bâtir, le marbre et la craie. Ces minéraux sont d'une grande utilité, puisqu'ils nous fournissent les matériaux de nos édifices, les ciments qui en consolident les différentes parties et les ornements qui les décorent. Les marbres (*fig.* 13, 14, 15, 16, 17, 18, *Pl.* 32) ont une grande variété de nuances et d'éclat ; ils peuvent prendre le plus beau poli ; c'est le marbre blanc que les statuaires choisissent pour exercer leur ciseau. Près des carbonates, on place l'hydrochlorate de soude, appelé sel marin et sel de cuisine, minéral dont les usages sont aussi multipliés qu'indispensables. À la suite des hydrochlorates, se trouvent les fluates nommés autrefois spathes calcaires ; on en fait de jolies vases nuancés de rose, de bleu ou de vert. La topaze, belle pierre jaune employée en bijouterie, vient à la suite (*Pl.* 32, *fig.* 11). Les nitrates, les sulfates, les phosphates, les arséniates, les borates, les silicates, les aluminates, les chromates, sont les principaux genres de minéraux qui complètent la classe des pierres. Parmi les nitrates, on doit remarquer le salpêtre ou nitrate de potasse, dont on se sert pour fabriquer la poudre, en l'unissant au soufre et au charbon.

Le plâtre est un des sulfates les plus connus, à cause de l'usage qu'on en fait comme ciment : c'est un sulfate de chaux. Dans le genre des silicates, on rencontre le cristal de roche, les agates (*Pl.* 32, *fig.* 19, 20, 21, 22, 23, 24), l'émeraude, belle pierre précieuse verte qui abonde dans les monts Ourals (*Pl.* 32, *fig.* 3.), l'opale (*fig.* 2), le rubis (*fig.* 9, 10, 11), le saphir (*fig.* 10), le grenat (*fig.* 4, 8). Enfin les argiles, dont on se sert pour fabriquer la porcelaine, la faïence, les poteries de grès et de terre de pipe, les tuiles, les briques et les carreaux.

Dans la classe des métaux, nous trouvons des substances métalliques pures et des substances métalliques unies à d'autres minéraux, principalement au soufre.

Les métaux sont des corps solides, opaques, brillants pour la plupart, plus ou moins durs, doués d'un éclat dit métallique ; les métaux sont fusibles, c'est-à-dire susceptibles de fondre à la chaleur. Les métaux purs sont : le platine, l'or et l'argent dont on fait des monnaies (*Pl.* 32, *fig.* 6 et 7) et des bijoux, le mercure, le cuivre, le fer, le bismuth, l'antimoine, l'arsénic, etc. Les métaux oxydés sont ceux que l'on trouve en état de combinaison avec l'oxygène, et on appelle alliage deux ou plusieurs métaux combinés ensemble, comme le bronze, le laiton.

La classe des combustibles n'est pas moins précieuse que les deux autres ; elle renferme des substances qui s'enflamment aisément et brûlent avec énergie. Tels sont : le soufre, le gaz hydrogène, le charbon, la houille, le diamant (*Pl.* 33, *fig.* 1, 12, 5.), qui n'est que du charbon très-pur cristallisé ; la tourbe, sorte de terre employée comme chauffage dans certains pays, enfin l'ambre jaune et les bitumes.

Je termine ici, mes petits amis, l'esquisse bien abrégée du tableau des êtres qui sont l'objet des études des naturalistes ; dans notre cours de l'année prochaine, nous approfondirons davantage l'histoire et les caractères de ces êtres dont je n'ai voulu vous faire connaître pour le moment que la classification.

FIN.

TABLE DES MATIÈRES.

FIN DE LA TABLE.

9 782329 248417